U0661800

HUAGONG TIANDI

化工天地

刘仁庆 **主编**

广西科学技术出版社

图书在版编目（CIP）数据

化工天地 / 刘仁庆主编. —南宁：广西科学技术出版社，2012.8（2020.6重印）

（绘图新世纪少年工程师丛书）

ISBN 978-7-80619-808-7

Ⅰ . ①化… Ⅱ . ①刘… Ⅲ . ①化学工业—少年读物 Ⅳ . ① TQ-49

中国版本图书馆 CIP 数据核字（2012）第 192491 号

绘画新世纪少年工程师丛书

化工天地

HUAGONG TIANDI

刘仁庆　主编

责任编辑 罗煜涛		**封面设计** 叁壹明道	
责任校对 梁　炎		**责任印制** 韦文印	

出 版 人　卢培钊

出版发行　广西科学技术出版社

　　　　　　（南宁市东葛路 66 号　邮政编码 530023）

印　　刷　永清县晔盛亚胶印有限公司

　　　　　　（永清县工业区大良村西部　邮政编码 065600）

开　　本　700mm×950mm　1/16

印　　张　12

字　　数　155 千字

版次印次　2020 年 6 月第 1 版第 5 次

书　　号　ISBN 978-7-80619-808-7

定　　价　23.80 元

本书如有倒装缺页等问题，请与出版社联系调换。

序

在21世纪，科学技术的竞争、人才的竞争将成为世界各国竞争的焦点。为此，许多国家都把提高全民的科学文化素质作为自己的重要任务。我国党和政府一向重视科普事业，把向全民，特别是向青少年一代普及科学技术、文化知识，作为实施"科教兴国"战略的一个重要组成部分。

近几年来，我国的科普图书出版工作呈现一派生机，面向青少年，为培养跨世纪人才服务蔚然成风。这是十分喜人的景象。广西科学技术出版社适应形势的需要，迅速组织开展《绘图新世纪少年工程师丛书》的编写工作，其意义也是不言自明的。

青少年是21世纪的主人、祖国的未来，21世纪我国科学技术的宏伟大厦，要靠他们用智慧和双手去建设。通过科普读物，我们不仅要让他们懂得现代科学技术，还要让他们看到更加灿烂的明天；不仅要教给他们一些基础知识，还要培养他们的思维能力、动手能力和创造能力，帮助他们树立正确的科学观、人生观和世界观。《绘图新世纪少年工程师丛书》在通俗地讲科学道理、发展史和未来趋势的同时，还贴近青少年的生活讲了一些实践知识，这是一个很好的思路。相信这对启迪青少年的思维，开发他们的潜在能力会有帮助的。

如何把高新技术讲得使青少年能听得懂，对他们有启发，对他们今后的事业有作用，这是一门学问。我希望我们的科普作家、科普编辑和科普美术工作者都来做这个事情，并且通力合作，争取为青少年提供更多内容丰富、图文并茂的科普精品读物。

《绘图新世纪少年工程师丛书》的出版，在以生动的形式向青少年读者介绍高新技术知识方面做了一次有益的尝试。我祝这套书的出版获得成功。希望广西科学技术出版社多深入青少年读者，了解他们的意见和要求，争取把这套书出得更好；我也希望我们的青少年读者勤读书、多实践，培养科学兴趣和科学爱好，努力使自己成为21世纪的栋梁之才。

周光召

编者的话

  《绘图新世纪少年工程师丛书》是广西科学技术出版社开发的一套面向广大少年读者的科普读物。我们中国科普作家协会工交专业委员会受托承担了这套书的组织编写工作。

  近几年来，已陆续有不少面向青少年的科普读物问世，其中也有一些是精品。我们要编写的这套书怎样定位，具有什么样的特色，以及把重点放在哪里，都是摆在我们面前的重要问题。我们认为，出版社所提出的这个选题至少有三个重要特色。第一，它是面向青少年读者的，因此我们在书的编写中应尽量选取他们所感兴趣的内容，采用他们所易于接受的形式；第二，这套书是为培养新世纪人才服务的，这就要求有"新"的特色，有时代气息；第三，顾名思义，它应偏重于工程，不仅介绍基础知识，还对一些技术的原理和应用做粗略的描述，力求做到理论联系实际，起到启迪青少年读者智慧，培养创造能力和动手能力的作用。

  要使这套书全面达到上述要求，无疑是一项十分艰巨的任务。为了做好这项工作，向青少年读者献上一份健康向上、有丰富知识的精神食粮，我们组织了一批活跃在工交科普战线上的、有丰富创作实践经验的老科普作家，请他们担任本套书各分册的主编。大家先后在一起研讨多次，从讨论本套书的特色、重点，到设定框架和修改定稿，都反复研究、共同切磋。在此基础上形成了共识，并得到出版社的认同。这套书按大学科分类，每个学科出一个分册，每个分册均由5个"篇"组成，即历史篇、名人篇、技术篇、实践篇和未来篇。"历史篇"与

"名人篇"介绍各个科技领域的发展历程、趣闻铁事，以及为该学科的发展作出杰出贡献的人物。在这些篇章里，我们可以看到某一个学科或某一项技术从无到有，从幼稚走向成熟的过程，以及蕴含在这个过程里的科学精神、科学思想和科学方法。这些对于青少年读者都将很有启发。"技术篇"是全书的重点，约占一半的篇幅。在这一篇里，通过许多各自独立又互有联系的篇目，一一介绍该学科所涵盖的一些主要的、有代表性的技术，使读者对此有一个简单的了解。"实践箱"是这套书中富有特色的篇章，它通过一些实例、实验或应用，引导我们的读者走近实践，并增加对高新技术的亲切感。读完这一篇之后，你或许会惊喜地发现，原来高新技术离我们并不遥远。"未来篇"则带有畅想、展望性质，力图通过科学预测，向未来世纪的主人——青的少年读者们介绍科技的发展趋势，以达到开阔思路、启发科学想像力和振奋精神的作用。

在这套书中，插图占有相当大的篇幅。这些插图不是为了点缀，也不只是为了渲染科学技术的气氛，更重要的是，通过形象直观的图和青少年读者所喜闻乐见的表现形式去揭示科学技术的内涵，使之与文字互为补充，互相呼应，其中有些图甚至还起到比文字更易于表达意思的作用。应约为本套书设计插图的，大都是有一定知名度的美术设计家和美术编辑。我们对他们的真诚合作表示由衷的感谢。

尽管我们在编写这套书的过程中，不断切磋写作内容和写作技巧，力求使作品趋于完美，但是否成功，还有待读者来检验。我们希望在广大读者及教育界、科技界的朋友们的帮助下，今后再有机会进一步充实和完善这套书的内容，并不断更新其表现形式。愿这套书能陪伴青少年读者度过他们一生中最美好的时光，成为大家亲密的朋友。

这套书从组织编写到正式出版，其间虽几易其稿，几番审读，但仍准免有疏漏和不妥之处，恳请读者批评指正。我们愿与出版单位一起，把这块新开垦出来的绿地耕耘好，使它成为青少年读者流连忘返的乐土。

中国科普作家协会工交专业委员会

1999年3月

目 录

历 史 篇

　　日月星辰，花鸟鱼虫……我们生活在一个广袤、丰富的物质世界里，有些物质是自然界原本存在的，比如空气、泥土、树木等，被称为天然物质；有些物质是借助科技手段——采取化学和化工方法加工制造出来的"新东西"，比如硫酸、玻璃、塑料等，被叫做人造物质。

　　人造物质的出现，特别是它们具有比天然物质更为优良的性能及其广泛的应用，为人类社会开辟了无限美好的前景。化学能使乌黑的煤炭变成色彩斑斓的染料；人们采用化工手段从海水中提取了氯化钠、碘、钾等众多的化学品。而通过化工厂的加工渠道，使新东西源源不断地大量的生产出来，供给社会各方面的需要。

　　人类进行生产人造物质的奋斗史，也就是化学和化工的发展史。让我们轻轻地推开这扇化工之窗，去观赏一下这形形色色的化工风景吧。

一、灿烂绚丽的化学世界

化学与物质的组成

这本书是讲"化工"的，简单地说，化工是化学工业的简称。它包含的内容很多。化工是怎样发展起来的？先得从化学说起。

什么是化学呢？化学是研究物质化学运动的基础学科。我们知道，大千世界是由物质组成的，没有物质也就没有世界。对物质的内部结构进行深入地研究，并寻找各种物质之间会发生什么化学变化的规律，这门学问就叫做化学。然而，物质是由什么东西组成的呢？

人们最初认为，物质是由许多肉眼看不见的细小微粒——分子所构成的。分子的"个头"很小，小到必须借助放大到几千甚至上万倍以上的电子显微镜观察，才能见到它的"镜像"。分子的真面孔只有科学家在实验室做实验时才可以看到。量度分子的尺子（单位）也是很小的——使用的是"纳米"（nm），1 纳米等于 0.000000001 米，即是 10^{-9} 米，肉眼是绝对看不到的。

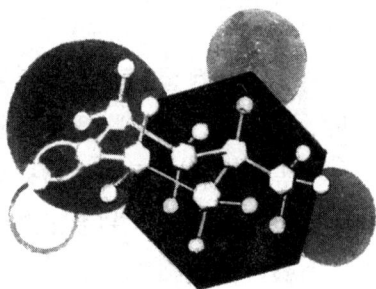

随着科学研究的深入，人们又认识到分子还不是物质的最小单位。分子是由更小的微粒——原子构成的。有的分子是由 1 个原子构成，如铁（Fe）、铜（Cu）等金属；有的分子是由 2 个原子构成的，如食盐（NaCl）是由 1 个氯原子和 1 个钠原子化合而成的；有的分子是由 3 个原子构成的，如水（H_2O）是 2 个氢原子和 1 个氧原子化合而成的，等等。

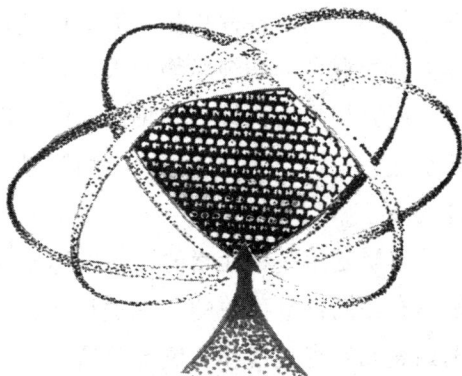

分子模型

原子旋转摄影图

另外，说到有机化合物和高分子化合物，它们本身含有的分子都比较多，有的高分子（或称高聚物）是由成千上万个原子聚合而成的。

现代物理学告诉我们：物质的最小单位是基本粒子，如层子、轻子、传播子等。层子的英文名是 Qark，也被音译为"夸克"，是模仿一种鸟的叫声。层子隐含有"物质结构无穷无尽"的意思。轻子有 6 种，其中的典型代表是电子、中微子和电子中微子等。传播子又分为光子、胶子、玻色子和引力子等。在电磁作用、弱作用、强作用和引力作用下，又发生复杂的变化。所以，人们对物质的认识永远没有完结。目前科学家们仍在不停顿地进行研究，以便更深层次地揭示宇宙的各种现象及其变化规律。

物质的分类

世界上的物质，大到地球、山川，小到水滴、灰尘，还有吃的、穿的、住的、用的各种物品，形形色色，表面上各不相同，实际上它们大体上分为混合物和纯净物两大类，其中混合物占绝大多数。

混合物是由两种或两种以上的物质相互混在一起而组成的物质，例如空气、牛奶、面粉等。纯净物就是指的单纯物质，它包括有单质和化合物。

单质是由一种元素的原子所组成的物质，例如氢气、氧气等。元素是具有相同核电荷数的同一类原子的总称。一种元素可能有几种单质，例如氧元素有氧气和臭氧等单质。一般而言，元素或者说单质又可分为金属和非金属，金属有钾、铁、锰；非金属有氢、氧、碳，等等。

化合物是由两种或两种以上元素的原子所组成的物质，例如水是化合物，它的分子是由氢和氧两种元素的原子所构成的。每种化合物都具有一定的组成和特性。化合物与混合物不同，它组成恒定，组成元素不再有单质状态时的性质，表现为均匀状态，必须用化学方法才可分离出其组成元素。

化合物又分为无机物和有机物。无机物是无机化合物的简称。它一般是指除碳以外的各种元素的化合物，例如水、食盐、烧碱、硫酸等，

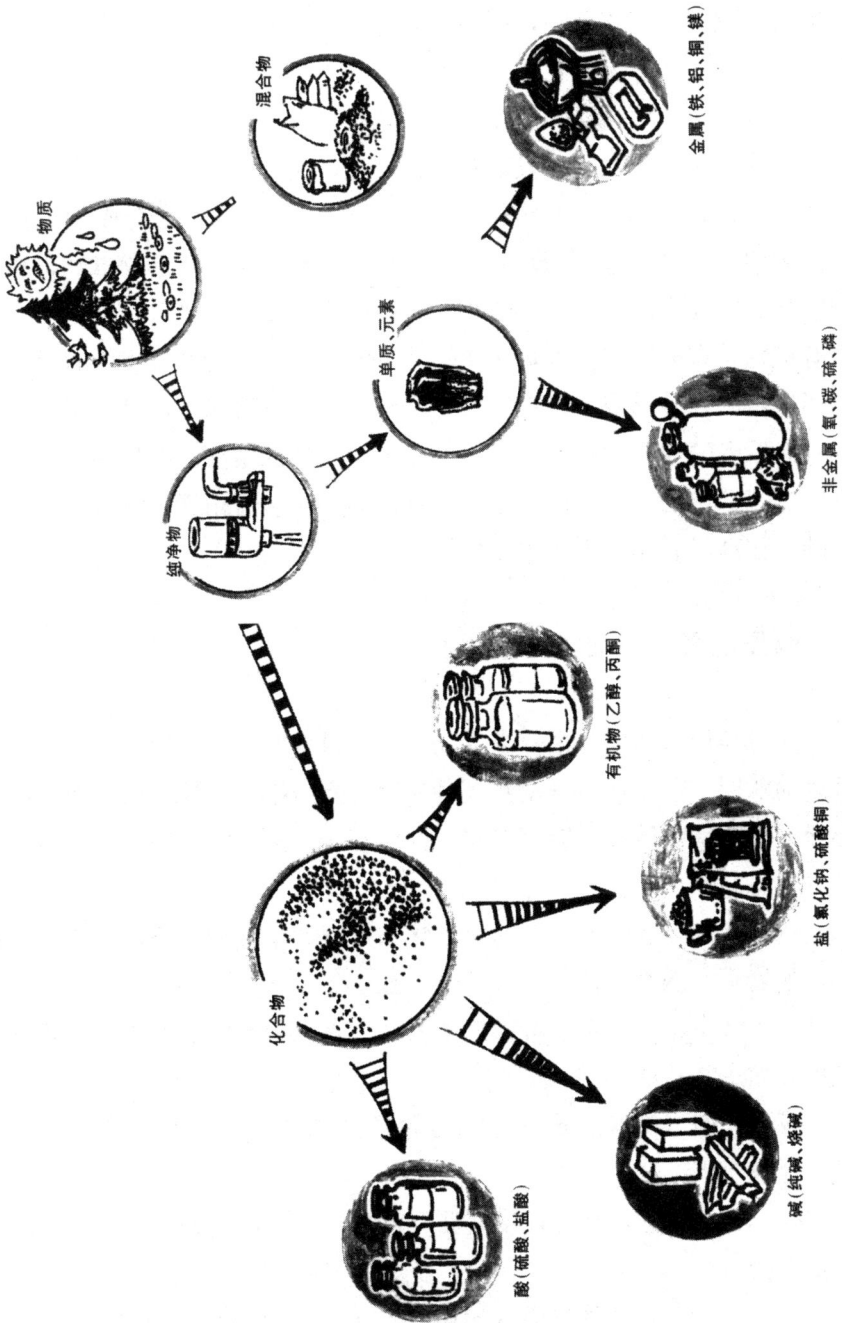

混合物

物质

金属（铁、铝、铜、镁）

单质、元素

纯净物

非金属（氧、碳、硫、磷）

有机物（乙醇、丙酮）

化合物

盐（氯化钠、硫酸铜）

碱（纯碱、烧碱）

酸（硫酸、盐酸）

也包括少数的含碳化合物，例如一氧化碳、碳酸盐等。许多含氧化物以及酸、碱、盐类等大都属于无机物。

有机物是有机化合物的简称。一般凡是含多个碳元素的化合物都属于有机物。目前已知的有机物有几百万种，比无机物多得多。有机物可由动植物、煤、石油、天然气等分离而得；也可用人工合成的方法制取。例如乙醇（俗称酒精）、丙酮、油脂、蛋白质等都是有机物，根据它们分子中的官能团（或功能基）又可分为烃、醇、醛、酮、醚、酸等类有机物。有机物与无机物相比较，一般说来，前者的挥发性较大，对热不稳定，容易燃烧，熔点较低，反应较慢，难溶于水，易溶于有机溶剂；而后者的性质却相反，当然也有少数例外的情况。有机物与无机物之间没有严格的界限，例如尿素是有机物，但它可由无机物（氨、二氧化碳）在高温和压力下作用而成。

物质的形态与化学元素的发现

简单地说，物质是由分子（或原子）组成的。一切原子都处在不停地运动状况中，不同的运动形式使物质呈现不同的"形态"。现代的科学研究表明，物质有可能存在着 8 种形态，其中最常见的是固、液、气三种形态。

（1）固态，在常温下有一定形状和重量的坚硬的物质，一般称为固体，如岩石、钢铁等。

（2）液态，在常温下可以流动的、没有固定形状的物质，一般称为液体，如水、石油等。

（3）气态，没有形状可以到处飘逸的物质，一般称为气体，如空气、氢气等。

（4）等离子态，在上亿度高温下，物质被电离后的状态，如氢弹进行核聚变。

（5）嵌套态，某种物质（如碳原子 60，呈足球状）在中心部位镶嵌有金属原子所处的状态。

（6）超固态，原子排列无缺陷的结构，在外力下重排，形成密度极高的固体，比金刚钻还硬。

（7）反物质态，与物质成对称存在的、像左右手掌一般相对应者。常见的为明物质，与之成对者即是暗物质。

（8）辐射场态，当受热激发后所产生的各种波长的电磁波（可见和不可见的）状态，其粒子可能转化为光子。

化学元素又简称元素，例如，氢（H）、碳（C）、氧（O）、硫（S）、铁（Fe）等都是元素，它们的核电荷数分别是 1、6、8、16、26 等。现在世界上已经发现的化学元素共有 109 种。

等离子态

嵌套态

超固态

液态

反物质态

气态

辐射场态

固态

化学元素是怎样被发现的呢？追根溯源，早在两千多年以前，中国的秦始皇极力提倡"炼丹术"，追求长生不老药，出现大批"方士"。使许多人接触到矿物中的各种"成分"（如硫、铅等）。当炼丹术传到欧洲后，发展成为"炼金术"，欧洲人梦想"点石成金"。但在长期的烟熏火燎中，人们设计制造了炉子、风箱、坩埚、烧瓶，并进行了焙烧、蒸馏、溶解、升华、分离、还原、凝结等一系列实验操作。这是 16 世纪以前，炼金术风行一时，致使不少欧洲

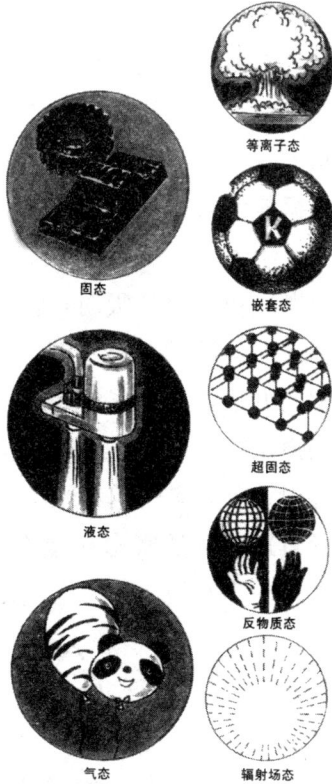

7

人对化学元素有了初步的认识。16～17世纪逐渐兴起了医药化学的研究。17世纪以后，不少人完全抛弃了炼金术，把注意力转移到化学实验上。1667年，英国的波义耳（1627—1691）根据他的研究结果首先提出了"元素"这一概念；法国的拉瓦锡（1743—1794）证实了当物质燃烧和动物呼吸时，都与氧气有密不可分的关系；英国的戴维（1778—1829）利用电流分解的方法，发现了钾、钠等金属元素；而英国的道尔顿（1766—1844）发现了气体分压定律，并引入了元素的相对原子量，建立了原子学说。随着这些科学概念和理论的建立，促进了化学的进一步发展，并为近代化学的诞生奠定了基础。

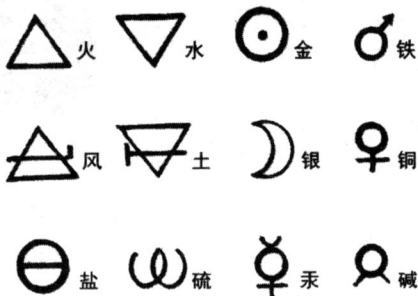

△ 火　▽ 水　☉ 金　♂ 铁

△ 风　▽ 土　☽ 银　♀ 铜

⊖ 盐　ⱳ 硫　☿ 汞　♀ 碱

早期的元素表示图

化学元素的符号

1808年，英国的道尔顿提出了原子学说。其主要精髓是什么呢？根据原子学说，由一些物质通过化学反应生成另一些新物质的最起码的条件是必须有相应的化学元素，不可能"无中生有"。例如，水中只有氢和氧，油中必须含有碳（而且是高碳含量）。因此，从化学上讲，水是不可能直接变成油的。

1813 年，瑞典的贝采里乌斯（1779—1848）认为，可以用一个化学元素的符号来代表 1 个原子，并建议以该元素的拉丁文名称的第一个字母表示。如果第一个字母相同，就在其后边再加上另一个小写的字母，便于区别。

1860 年 9 月，在德国的卡尔斯鲁勒市召开的国际化学研讨会上，代表们制定并通过了世界上统一的化学元素符号。采用它可以表达物质的组成和变化。于是，化学元素符号便成了化学家们的"专门语言"。

在化学中用元素符号表示物质分子组成的式子叫做分子式。例如，水的分子式是 H_2O，食盐的分子式是 $NaCl$。

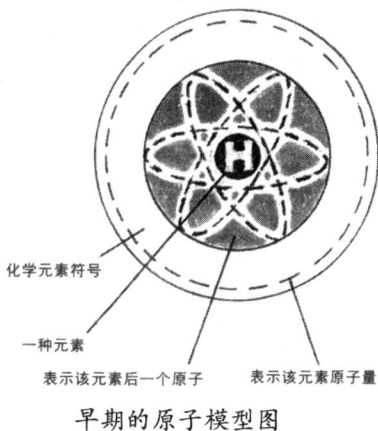

是不可分割，它是很小很小的……

化学元素符号

一种元素

表示该元素后一个原子

表示该元素原子量

早期的原子模型图

别看分子小得很，它的几何形状却是千奇百怪，多种多样。比如，氧分子是一条直线；水分子是 V 形；氨分子是三角锥体；五氧化二磷分子是三角形双锥体；硫化橡胶呈网状形；二茂铁分子类似巧克力夹心糖形状。这些不同形状的分子，在化学反应中会产生不同的"表现"，值得注意。

如果把分子式用某些特殊的记号（如：加号"＋"；等于"＝"；箭头"→"等）联结起来，用以表示化学反应的初始态和终结态，即几种物质之间发生的化学作用，被称为化学方程式或化学反应式。例如：把石灰放入水中就会产生化学作用，生成石灰水，并放出热量。水加上石灰变成氢氧化钙，它的化学方程式可以写成：

$$2H_2O + 2CaO \rightarrow 2Ca(OH)_2 + Q(热)$$

化学方程式表明了物质从一种形式转变成另一种形式。其反应前后各元素的原子数目，理应平衡，也就是既不会增加、也不可减少。因此，上述反应中，都需要有2倍的原料（水和石灰），才能得到2倍的产物（氢氧化钙）。

在化工生产中，按照化学方程式来计算，理论上使用多少原料（方程式左边为反应物）就可以制造多少产品（方程式右边为生成物）；或者，反过来，根据生产多少产品则预算需要多少原料，才能完成。实际生产上还需要考虑其他多种因素，如原料的纯度和化学转化率的高低等，预算上要放宽裕些。

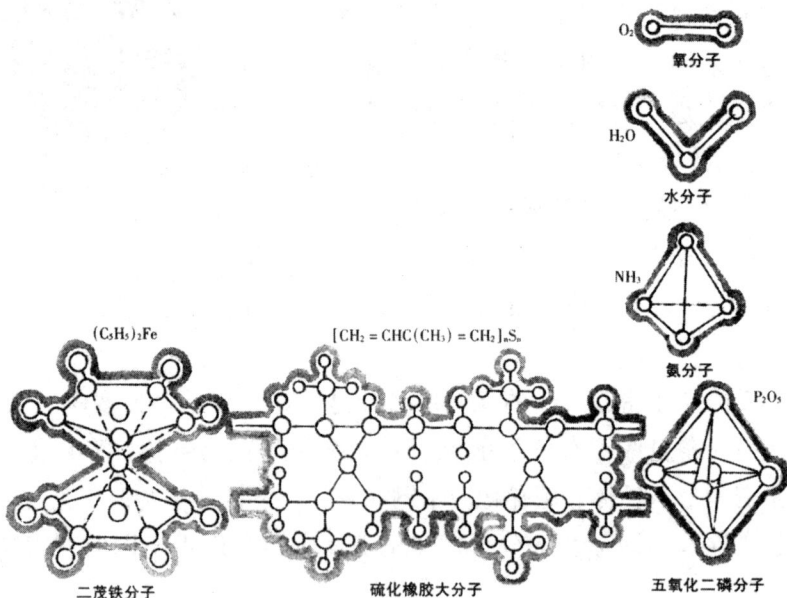

O_2
氧分子

H_2O
水分子

NH_3
氨分子

P_2O_5
五氧化二磷分子

$(C_5H_5)_2Fe$
二茂铁分子

$[CH_2=CHC(CH_3)=CH_2]_nS_n$
硫化橡胶大分子

门捷列夫与元素周期律

19世纪以后，许多化学元素陆续地被发现出来，化学获得了空前的发展。但是，元素越来越多，它们之间究竟有没有关系，还是无章可循？许多化学家都在思考这个问题。

1869年，俄国的门捷列夫在分析了大量的有关化学元素的实验资料的基础上，提出了"元素按照它们的原子量排列起来，它们的性质表示出明显的周期性"。这一重要的论点，后来被命名为化学元素的周期律。

［俄国］门捷列夫
（1834—1907）

门捷列夫是谁？他是俄国圣彼得堡大学年轻的化学教授。当他发现元素周期律时才只有35岁。

门捷列夫的兴趣十分广泛。除了执着地钻研化学、物理、气象等专门学科外，平时他也喜欢读诗，看小说，爱好绘画，还热衷于玩扑克牌。据说他玩牌的方式很特别，不邀任何牌友，把自己关在书房里独自玩牌。谁也弄不清楚他在搞什么"名堂"。

门捷列夫在向学生讲解无机化学时，经常思考如何将性质各不相同的各种化学元素联系起来这一难题。有一个故事说，门捷列夫在一次分牌的时候，突发奇想：扑克的桃杏梅方各点按从小到大的次序排列，接着是J、Q、K等，可以循回有序，牌花不同，点数一样。化学元素之间是否有此规律？一周分成七天，从星期日到星期六，下周又依次重复……

当时已知的化学元素只有 63 个。门捷列夫拿来 63 张纸片，在每张纸片上写出一种元素的名称、原子量、性质等。他根据元素的金属性、非金属性质来排列纸牌，看看有没有什么规律可循，结果不行；接着，又按元素的活泼性来排列，还是不行。他收起了纸牌，重新按元素的化合价来排列，仍然不行。到底是怎么回事呢？

门捷列夫绞尽脑汁，反复比较，最后把着眼点放在原子量上，如果按照原子量由小到大的次序排列元素，那么每隔七种元素之后，就会出现与原来起点元素的性质十分相似的元素，如此一来，就呈现一个明显的规律性，并周而复始地变化着。于是他便制出了第 1 张周期表。

门捷列夫的这个发现轰动了整个化学界和科学界。元素周期律从根本上揭示了化学元素本身的周期性。根据周期律，可以判断元素的原子量是否准确、性质是否无误，并且能够预见尚未发现的元素，以及那些人造元素等。

有了周期律，人们对元素的认识就感到一切有序，同时可以列出"所有"元素的周期表。它好比是化学公园中的一张"导游图"，一目了然。

门捷列夫1869年排出的第一张周期表初稿
（打字稿）（表内标题为：实验系统的元素，
以原子量和化学性为基础排列）

随着对原子结构的进一步了解，现代人们对元素周期性的认识也提高了一步。元素的周期性实质是元素原子内部结构周期性变化的反映，与原子序数（原子核核电荷数）密切相关。将元素按原子序数排列而成的表，即是元素周期系统的表达，称为元素周期表。

最早由门捷列夫提出的元素周期表，后来发展有多种形式。目前广泛应用的长式周期表是瑞士化学家维尔纳提出的，其特点如下。

元素周期表内横排为7个周期，第1周期是特短周期，第2、3周期是短周期，第4、5周期是长周期，第6周期是特长周期，第7周期为未完成周期。纵排为族，其中Ⅰ—Ⅶ是主族（用A表示）和副族（用B表示），另有O族（稀有气体）和第Ⅷ族（包括3个列）共计16个族。有人预言，表内可能还会增第8、9周期，但是直到现在还没有

元 素 周 期 表

图例： 金属　非金属　过渡元素

说明（元素格示例）：

原子序数	19
元素符号（紫色指放射性元素）	K
元素名称（注★的是人造元素）	钾
外围电子层排布（括号指可能的电子层排布）	4s¹
原子量	39.10

第一周期：1 H 氢 1s¹ 1.008（K层）；2 He 氦 1s² 4.003（K层，0族）

第二周期：3 Li 锂、4 Be 铍、5 B 硼、6 C 碳、7 N 氮、8 O 氧、9 F 氟、10 Ne 氖（L、K层）

第三周期：11 Na 钠、12 Mg 镁、13 Al 铝、14 Si 硅、15 P 磷、16 S 硫、17 Cl 氯、18 Ar 氩（M、L、K层）

第四周期：19 K 钾、20 Ca 钙、21 Sc 钪、22 Ti 钛、23 V 钒、24 Cr 铬、25 Mn 锰、26 Fe 铁、27 Co 钴、28 Ni 镍、29 Cu 铜、30 Zn 锌、31 Ga 镓、32 Ge 锗、33 As 砷、34 Se 硒、35 Br 溴、36 Kr 氪

第五周期：37 Rb 铷、38 Sr 锶、39 Y 钇、40 Zr 锆、41 Nb 铌、42 Mo 钼、43 Tc 锝、44 Ru 钌、45 Rh 铑、46 Pd 钯、47 Ag 银、48 Cd 镉、49 In 铟、50 Sn 锡、51 Sb 锑、52 Te 碲、53 I 碘、54 Xe 氙

第六周期：55 Cs 铯、56 Ba 钡、57-71 La-Lu 镧系、72 Hf 铪、73 Ta 钽、74 W 钨、75 Re 铼、76 Os 锇、77 Ir 铱、78 Pt 铂、79 Au 金、80 Hg 汞、81 Tl 铊、82 Pb 铅、83 Bi 铋、84 Po 钋、85 At 砹、86 Rn 氡

第七周期：87 Fr 钫、88 Ra 镭、89-103 Ac-Lr 锕系、104 Rf、105 Ha、106 Sg、107 Bh、108 Hs、109 Mt

镧系：57 La、58 Ce、59 Pr、60 Nd、61 Pm、62 Sm、63 Eu、64 Gd、65 Tb、66 Dy、67 Ho、68 Er、69 Tm、70 Yb、71 Lu

锕系：89 Ac、90 Th、91 Pa、92 U、93 Np、94 Pu、95 Am、96 Cm、97 Bk、98 Cf、99 Es、100 Fm、101 Md、102 No、103 Lr

注：
1. 原子量录自1993年国际原子量表，并全部取4位有效数字。
2. 原子量加括号的为放射性元素的半衰期最长的同位素的质量数。

兑现。

在周期表内，化学元素的符号都是拉丁文名称的缩写，而中文译名独具特色，有自古就熟知的元素，如金、银、铜、铁、锡等，继续沿用；有拉丁文的音译名，如钠、锰、铀等；也有会意会音的字，如氢（轻的气）、铂（白色的金，白金）、溴（有刺激性臭味的水）等，还有完全创新的字，如铲、钶、镭、铍、镙、锿等。它们多是按字的偏旁发音的，但有 4 个元素常容易被读错：氯，读绿，不读碌；铬，读各，不读洛；钪，读亢，不读抗；铊，读它，不读驼。

中文的元素周期表，还有一个"顾名识类"的妙处。周期表的横向把元素分为七个周期，纵向划分为八个族，同一族的元素的性质相似。部首为金字旁者全部是金属元素；部首为石、气和三点水者都是非金属元素、气体和液体。金属元素在周期表的左方，非金属元素在右方。表内的 109 种元素，金属是 87 种，非金属是 22 种。其中 94 种存在于自然界，15 种是人造元素。

有机分子结构式

一百多年前，化学家们认为：自然界的两大类物质——有机物只能从动植物中取得；无机物则来自矿体。这种观点一直维持到 1828 年德国化学家维勒（1800—1882）在实验室里采用两种无机物（氯化铵和氰酸银）进行化学反应生成了有机物（尿素）为止。

尿素（又名碳酰胺）是动物蛋白质新陈代谢的产物，常作农家氮肥。它的合成，说明了无机物与有机物之间没有不可逾越的鸿沟。这是合成有机化学的开端，也是人们对物质世界的认识进一步深化的反映。

一般说来，无机化合物用分子式和化学方程式就能表示它们的化学变化过程。有机化合物则不同，用简单的分子式难以说明问题。

1832 年，德国的李比希（1803—1873）提出了分子结构式的概念，指明了有机化合物往往有"同分异构"现象，也就是化合物中有相同的分子式，但有不同的结构和性质。例如：甲醚和乙醇的分子式同是 C_2H_6O，可是，在室温下甲醚是气体，沸点为 $-24℃$，而乙醇是液体，沸点为 $78℃$，它们各自的原子结合方式也不同：

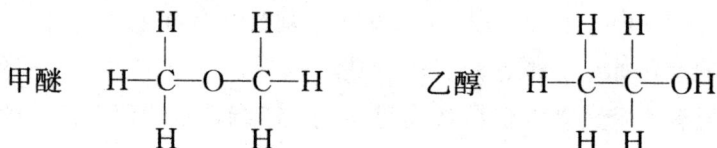

甲醚
$$H-\overset{\overset{\displaystyle H}{|}}{\underset{\underset{\displaystyle H}{|}}{C}}-O-\overset{\overset{\displaystyle H}{|}}{\underset{\underset{\displaystyle H}{|}}{C}}-H$$

乙醇
$$H-\overset{\overset{\displaystyle H}{|}}{\underset{\underset{\displaystyle H}{|}}{C}}-\overset{\overset{\displaystyle H}{|}}{\underset{\underset{\displaystyle H}{|}}{C}}-OH$$

绝大多数有机化合物含有碳原子和氢原子，本来碳原子的化合价是4价，氢原子是1价。1个碳原子要和4个氢原子化合（或与碳原子连接时，周围应减少1个氢原子）。然而，从煤焦油中提炼出的芳香族化合物——苯，却给化学家们出了难题。

根据分析测定，苯的分子式是 C_6H_6，可是，它的碳原子和氢原子之间是如何结合起来的呢？在很长一段时间里没人能说清楚。

直到1865年，德国的凯库勒（1829—1896）提出了苯分子的环状结构理论——由交替单、双键组合的规则六角形，才解决了这一大难题。

凯库勒后来介绍自己对苯分子结构的认识过程，其中特别提到的是"夏夜之梦"。原来在他研究化学的一个夏天，坐在马车上做了一个有趣好笑的南柯梦。他梦见原子在眼前跳跃，像一条蛇咬住自己的尾巴，形成一个环形。又像六只猴子手拉手地结成一个圈。由于受到这两点的启发，凯库勒结合对苯的化学性质的研究，最终确定了苯的环状结构式。

1890 年，凯库勒在纪念苯的结构式发表 25 周年的纪念会上说："先生们，让我们学会做梦吧，也许会从中发现真理。不过，在公布梦境之前，需要通过清醒的头脑批准。"这段话虽短，却令人回味无穷。

C_6H_6

二、沧海桑田说化工

中国古代的化学化工

中华民族具有五千多年的悠久历史，我国是世界上文明发展进步最早的国家之一。

远在原始社会初期，我们的先民借用石头作为劳动工具。开始是用自然态的石块——史称旧石器时代；后来用石头磨成石刀、石斧——又称新石器时代，千方百计地获取生活上需要的食物和材料。一次偶然发生的雷击干树，便有了火，于是由此引出了熟食和烧制陶器。

石锥　石锯

斧尖

石器时代的石器

随着制陶技术的日渐发展，为金属的冶炼和铸作创造了必要条件。到了公元前 2000 年，我国社会由石器时代跨入了青铜器时代，天然铜和由天空落下的陨铁，质地都不够坚硬，急需改善。后来进一步发展，便有了冶炼合金——青铜器技术的诞生。先民们由此制成了鼎、盂等青铜器具。然而，那时他们对冶炼中的化学变化是不明白的。

在采集矿石时，人们发现了盐。这是人类生活中不能缺少的化学物质。盐的来源，除岩盐、井盐外，更多的是由海水熬制。用火煮盐的技

古代制陶图

术被研究成功。

　　蚕丝是我国很早的发明，嫘祖缫丝是丝绸业的起点。蚕茧抽丝是在沸水中进行的，然后要在水塘边漂洗，往往会剩下蚕丝的下脚料——丝絮。蚕丝的质量高可以用来织绸；丝絮的质量较低用来做缣帛。缣帛又用于写字。为了寻找代用品，从山洪暴发或河水猛涨时，会有一些朽化的植物叶皮或苔藓类纤维，被水冲刷汇积到岸边的石头上，晒干之后拉成了一层薄页——由此受启发而促成抄出纸张。这其中的化学原理也是经过相当漫长的时光之后才弄清楚的。

　　酒曲是我国先民的一大发明。从出土的文物看，商代时酒已风行全国。有贮酒、量酒、运酒、饮酒的各种容器，如罍、卣、盉、斝等。有了曲才能使谷物糖化、酒化、生物发酵，最后便得到清醇、香美的白酒。其原理与现代酿酒工艺不谋而合，只是古代人还没有分析检验的手段，说不出个道理来。

　　唐朝的炼丹者兼医药学家孙思邈（581—682）曾利用硫黄、硝石在火炉中急速燃烧（炉中有木炭），瞬间而发生着火爆炸。后来，这种原始的火药经过研究应用到娱乐、军事、开山等方面，如除夕爆竹、施放火箭、点火炸石等。

　　在我国的许多发明中化学占有相当多的数量。只不过在长期的封建社会里，生产方式停留在个体手工阶段，即使是建立作坊（或工场）也只是家庭模式者居多，以国家为主体的工场寥寥可数。因此，中国古代的化工都是在泥泞的土地上劳作，没有科学理论指导，更缺少精良的装备，以致在较长的时间里发展缓慢。

养蚕

织丝

纸张

中国古代取海水熬盐图

近代化工的兴起

人类历史上的第一次工业革命，是以英国的"珍妮纺纱机"的问世为契机，拉开近代化工生产的序幕。

1782年，瓦特（1736—1819）几经改进的蒸汽机出现，很快在生产中发挥了巨大的作用。这是人类继发明用火之后，在征服自然力方面取得的又一个伟大胜利。以纺织业的机械化为起点，再加上蒸汽机把火力转化为

哈格里沃斯发明的珍妮妨纱机（1764年）

动力，推动了各项工业，也包括化工的发展、进步。

纺织机使纺织品大量生产出来，而传统的漂白、染色加工跟不上发展的需求。最早英国纺织业用的酸、碱，都是取自天然物质，如酸奶、草木灰等。后来人们就设法用人工来制酸碱，从实验室走向规模化生产，开办了化工厂。

纺织业需要酸，也需要碱。同样，肥皂业、造纸业、玻璃业等也需要碱。在利用硫酸和食盐制取纯碱的过程中，不仅生产了纯碱，而且还能够把副产物加以综合利用，制得盐酸、漂白粉、烧碱等化学品。这样，以无机酸碱为中心的近代无机化工在技术不断地改革中迅速地壮大起来。后来，煤的利用和石油化工的崭露头角，把近代化工引向了康庄

大道。于是，犹如原子核分裂一样，化工的分支越来越多，各种新的化工产品源源不断地供应社会。

1840年德国的李比希（1803—1873）首次发明了过磷酸钙肥料。1842年在英国建立了生产这种磷肥的化工厂。以后欧洲各国纷纷效仿建厂。由此带动了农用化肥的进一步发展。与此相应的，农业需要的杀虫剂、除草剂等也获得了开发，促进了农业的丰收。

随着世界人口的急剧增长和生活水平的不断提高，

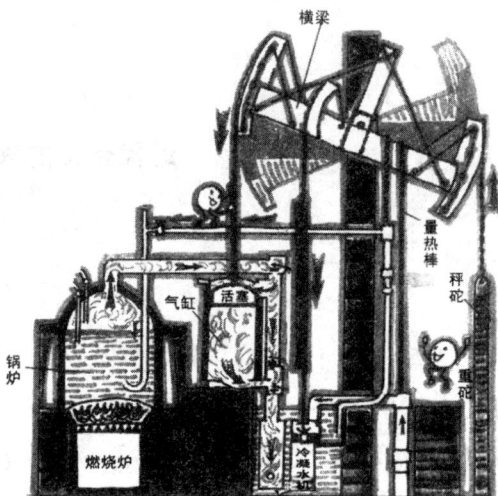

瓦特蒸汽机原理图

人们对服装的需要与日俱增。1846年瑞士的申拜恩发明了硝酸纤维素。1855年法国的奥德马把硝酸纤维素溶于乙醚—乙醇混合液中，再通过针管挤出，从而制成了人造纤维。20世纪30年代以后，石油化工的飞跃发展，以新法制成多种合成纤维，如1935年开发出尼龙（锦纶）；1939年发明了"合成羊毛"（腈纶），以及1941年聚酯纤维（涤纶）的诞生等，使人们的服装更为绚丽多彩。

天然橡胶是在中美洲的洪都拉斯被发现的。1761年英国的马凯尔发现固体橡胶可溶化于松节油和乙醚的混合液内而成为胶浆。1820年英国的亨苛又采用苯溶解橡胶获得成功。但是，天然橡胶受温度变化影响大，冷时变硬，热时发粘。1839年美国的古德力（1800—1860）把硫磺和橡胶一起加热，改善了橡胶的性能，使它能用来生产轮胎、皮球等。1929年德国生产了丁苯橡胶；1932年美国实现了氯丁橡胶的合成，大批的橡胶产品投放市场。

到了19世纪末叶，电器工业等急需新材料，要求质轻、价廉、绝

缘性好。1870 年美国的海厄特发明了赛璐珞塑料，可以用它制作假牙、梳子、眼镜架和乒乓球等。1907 年比利时的贝克兰德合成了酚醛树脂，用来加工成电器的开关、灯座、电话耳机等。20 世纪 30 年代以后利用石油化工产物来制造塑料获得成功。1939 年英国建立了第一个工业化的聚乙烯工厂。到 1956 年，塑料工业已可以生产聚乙烯、聚丙烯、聚氯乙烯等，塑料在人们生活中的应用更为广泛。

　　化学化工的发明与发展给世界带来了新的希望，也给人类的物质文明送来了新的礼物，使我们的生活发生了令人惊喜的变化。

三、保护环境与军事化工

从 18 世纪近代化学工业建立之后，经过了近 200 年的时光，化工给社会带来了巨大财富和众多产品的同时也向周围环境倾泄了大量的"三废"（废水、废气、废渣），使自然界的生态平衡遭受了严重的破坏。

化工厂（包括造纸厂、染料厂、电镀厂、皮革厂等）向河流中排放的污水，除了含有氯、汞、铅、酚等之外，生化需氧量（BOD）和化学耗氧量（COD）都很高，从而大量消耗水中的溶解氧，使水域恶化，鱼类、贝类和水生植物死亡，把清水变成臭水。

化工厂冒出的黑烟，其中含有导致环境急剧恶化的二氧化硫、氮氧化物、氟化氢等，在天空中会形成"酸雨"（即 pH 值低于 5.6 的雨、雪等）。酸雨降落后不仅危害植物，还会腐蚀建筑物，对人体也有不利的影响。氮氧化物在太阳光照射下会发生化学反应，造成光化学烟雾污染。而氟化氢对牛、羊、马等牲畜均有毒害作用，使畜牧业遭受巨大损失。

化工厂送出的废渣，有的含有铬类化合物，危害甚大，是致癌物质。一般都对周围环境和水源构成破坏，填埋、焚烧的处理难度较大。此外，使用农药、化肥不当，或者一些弃用的化学药品（如硝酸盐、多氯联苯等），也将造成对土壤的侵蚀。

为了保护环境，防治污染，人们在调查研究的基础上，正在根据化工厂的具体情况制订相应的解决办法：努力开发少污染或无污染的生产工艺与设备；对环境进行全天候监控；制订化工"三废"排放标准；采用生产新技术，把污染消灭在生产循环过程中；研制综合利用"三废"的新技术，化害为利；对化工生产全面合理规划、综合治理，最终达到在保持良好环境的条件下，发展化工生产。

当一些化工产品用于战争时，逐渐形成了军事化工。20世纪中的两次世界大战，促成了专门研制和生产化工军用品的工厂的建立。在这些工厂里主要是生产炸药、推进剂、化学毒剂等。

炸药最早是我国发明的。1867年瑞典的诺贝尔（1833—1896）利用硅藻土吸收硝化甘油而制成了安全性良好的炸药。诺贝尔因在炸药工业上所作出的杰出贡献，而闻名世界。1891年在德国成功地生产了梯恩梯（T. N. T）炸药，一举发展成为第二次世界大战期间主要的军事炸药。

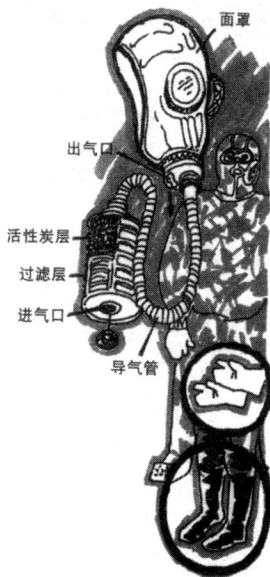

推进剂是火箭使用的燃料。世界上公认中国发明的黑火药是最早的推进剂。1898年俄国的齐奥尔科夫斯基（1857—1935），第一个指出火箭依靠推进剂进行飞行的道理，并以为可以使用液氧和煤油作推进剂。1957年前苏联使用新液态推进剂发射"月球9号"，首次在月球表面软着陆。1970年以后化学推进剂除采用液氟、液氢等燃料外，人们对固体化学燃料的发展给予更大关注，期望在军用火箭、导弹方面取得进展。

化学毒剂最早在第一次世界大战期间用于战争。1914年法国使用

面罩

出气口

活性炭层
过滤层
进气口

导气管

了催泪性毒剂。1915 年德国在比利时境内用施放氯气（当时称为毒瓦斯）来攻击英国军队，造成大量伤亡。在第二次世界大战期间，美国于1942 年建立了一些化工厂生产了芥子气、路易氏气等毒剂。而前苏联则制造了光气、双光气、氯化苦等。日本在 1940 年之后生产的化学毒剂达到高峰，直到 1945 年日本投降，储存的毒剂弹药还有 50 多万发。

化学毒剂会对人体产生严重的伤害。因此，必须了解和掌握防毒技术。芥子气、路易氏气等糜烂性毒剂，是配用炮弹、炸弹等施放的，它会沾染皮肤、地面、武器，可以用防毒衣、防毒手套、防毒鞋套来防御。用橡胶制成的防毒衣不透气，可用一种浸渍服（合成纤维布料上定期浸渍防毒剂）来代替。受毒后的地面、武器应及时消毒。而对付一般的毒气等，则可戴防毒面具，保护人员的头部、面部和眼睛。

名　人　篇

　　纵观科学技术的发展过程，有许多的中外科学家和工程师们，为了开发产品、增加生产、提高产品质量，付出了巨大的劳动。他们勇往直前，历经磨难，毫不动摇，为社会文明、进步作出了杰出的贡献。在人类历史的里程碑上，将永远铭刻他们的足迹。

　　本篇选择了3位化学、化工界的科学家和技术专家进行介绍，分别是法国的吕布兰、德国的施陶丁格和中国的侯德榜。他们的生平业绩足以说明：只有终身追求科学真理，大胆探索，勇于实践；不怕嘲笑、打击，不怕失败，才是名符其实的科学家。

　　科学家不一定是十全十美的人，但是他们不达目的誓不罢休的勇敢精神，将永远激励后来人。俗话说，有志者事竟成，只要不间断地努力，总有一天会获得成功！

一、化工先驱者——吕布兰

吕布兰，旧译名为路布兰，是法国知名的化工专家，1742年12月6日生于法国的伊瓦勒普雷镇。

吕布兰17岁时，受其父之命，进入巴黎法兰西医学院内学医。可是，他对医学并不感兴趣，而是对化学这门学科情有独钟。

1763年，吕布兰大学毕业。为了生活，他一边行医，一边利用业余时间努力地钻研化学。

1764年，英法战争结束后，法国经济萧条，人们生活困苦，许多工厂因为没有原料或者没有纯碱而不能开工生产。吕布兰知道了这些情况后，便萌生搞出一套能够采用最便宜的东西制出纯碱来的想法。

［法国］吕布兰
（1742—1806）

纯碱是一种白色粉状（或细粒）的工业品，正式名称叫碳酸钠（Na_2CO_3），俗名苏打。它的应用很广，是肥皂、玻璃、制革、造纸、冶金等许多行业需要的原材料之一。

吕布兰选用了食盐、硫酸和焦炭等为原料，在950～1000℃的高温条件下，通过化学反应便生成了白色的碳酸钠。然而在化学原理上说的这么简单的一句话，却花费了他1400多个日日夜夜。1771年，吕布

兰终于研究成功了。与此同时，他还制定了一个建立碱厂的计划。但是，由于缺少资金，吕布兰的计划如同一纸空文，致使他十分焦急和苦恼。即便如此，他仍旧孜孜不倦地进行研究、筹备办厂。

1775 年，法国科学院为了鼓励研究新的制碱方法，公布资助 12000 法郎的奖金，作为广泛征集的条件，可惜因正值法国社会动荡，未能付诸实施。

1780 年，经友人介绍吕布兰成了奥尔良公爵的私人医生。1789 年，他从奥尔良公爵那里得到了 20 万法郎的资助拨款。于是，吕布兰才着手在巴黎附近的圣但尼镇购置土地、加工机器、培训人员，准备尽快投产，并于 1791 年申报了"碱灰"（纯碱）生产的专利权。

谁知好景不长。1792 年 8 月，法国大革命爆发，国王路易十六被推翻。次年（1793 年）初，奥尔良公爵被押上了断头台。吕布兰因与公爵的关系密切而惨遭牵连，他正在筹建的碱厂被革命委员会没收，家破人亡、疾病缠身、凄苦无援的吕布兰被送进了救济院。

七年之后，即 1800 年法国将军拿破仑执政，为吕布兰"平反"，归还了工厂。然而此时的他已经年近花甲，心力交瘁。1806 年孤独的吕布兰在社会救济院里自杀身亡，时年 64 岁。

Nicolas Leblanc
1742-1806

吕布兰的碱厂在他生前并未完成，不过"碱灰"生产专利，是工业制纯碱的最早方法。在当时急需纯碱的情况下，这种制造法以食盐（氯化钠）、石灰石（石灰岩）和煤为主要原料，价钱便宜，成本低，见效快，而且操作十分简单，所以受到许多国家投资人士的欢迎，纷纷建厂。一时间，吕布兰制碱法走出法国，风靡整个欧洲。

吕布兰的贡献在于最先提出了以廉价的原料制纯碱；最早构想了制纯碱的工艺流程；最全面地策划了工业化生产纯碱的蓝图，这些精湛的构思是不能被一笔抹杀的。

1886年，在吕布兰逝世后八十多年，法国政府决定为他建造一尊铜像，以表彰他为法国的制碱工业所建立的功勋。

二、"高分子"的奠基人——施陶丁格

120多年前，当时的欧洲是化学家最集中的地方。化学家们不论是在研究工作中，还是发表论文时，大多数人几乎是众口一词地以为自然界的化合物全都是一些小分子——分子量充其量只不过十几、几十个"单位"，比如水（H_2O）的分子量是18，乙醇（即酒精，C_2H_5OH）的分子量是46，尿素（$H_2N-CO-NH_2$）的分子量是58等。

1872年，德国的拜耳（1835—1917）在进行一次试验时，把常用的消毒剂——石炭酸（即苯酚，

[德国] 施陶丁格
（1881—1965）

C_6H_5OH）和普通的防腐剂——福尔马林（即甲醛，CH_2O）混合、加热后，散发出一股很难闻的恶臭气味。冷却后，又凝固生成一种不溶于水的坚硬物。拜耳想了想，认为是毫无价值的废物，就把它扔掉了。35年之后，即1907年在美国工作的比利时的贝克兰德，读到了拜耳的论文中关于那次试验的记录。贝克兰德想，石炭酸和福尔马林是否有可能

生成一种新物质。于是他设计制作了新的反应器，并改变了一些试验条件，如抽除器内空气和采用间接加热，结果生成了一种又软又粘还具有弹性的产物。这就是酚醛树脂（俗称电木粉）。

酚醛树脂的合成反应是世界上第一个用人工的方法，使小分子化合物通过化学手段变成了高分子化合物。但是，怎么知道这是个高分子化合物呢？当时还没有办法测定其分子量的大小，由此而引起了激烈地争论。

1921 年，德国的施陶丁格利用超级离心机法成功地测定了高分子化合物的分子量。

施陶丁格于 1881 年 3 月 23 日出生在德国西部的沃尔姆斯市，22 岁时获哈雷大学博士学位。1912 年，任瑞士苏黎士大学化学教授。1926 年回德国弗赖堡大学任教，1940 年任该校大分子化学研究所所长。他长期从事大分子化学的教学研究工作，主要著作有《高分子有机化学》、《有机胶体化学》等。

施陶丁格以大量的数据来说明：大分子（现在称为高分子）化合物是由很多原子所组成的，所以它的分子量可以高达几万甚至更多。他认为：在大分子化合物中，存在有大量的结构相同的重复单位。例如，酚醛树脂中的重复单位就是亚甲基苯酚。许多个这样的重复单位"手拉手"聚集起来，那么酚醛树脂就会形成一种网状结构，像渔网那样，其结果在性质上就表现为既难溶解又很坚硬。

施陶丁格指出，对各种天然纤维、人造纤维等的分析研究，证实植物纤维是由大量

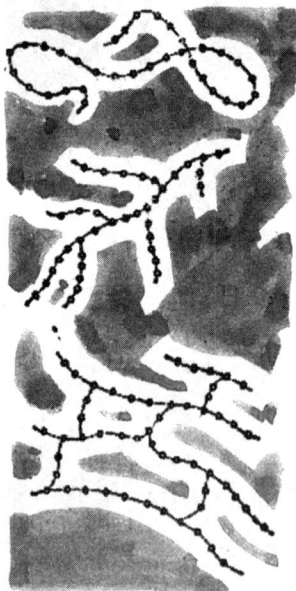

线型、支链、网状结构大分子化合物示意

的葡萄糖基（分子）构成的纤维素；动物纤维是由多种氨基酸组成的蛋白质。一个大分子可以贯穿若干个结晶区和无定形区。施陶丁格的观点，一方面澄清了过去的糊涂认识，树立了大分子的正确观点；另一方面，提供了可以进行人工合成高分子化合物的理论基础，从而有可能制造出更多更好的高分子化合物，极大地促进了人造物质的进一步发展。施陶丁格的这一重大贡献，使他在 1953 年荣获诺贝尔化学奖。1965 年 9 月 8 日他在德国弗赖堡市逝世，终年 84 岁。

超级离心机外形图

三、著名的化工专家——侯德榜

侯德榜，原名启荣，字致本，是我国化工界著名的制碱专家。1955～1966 年曾任中国化学工业部副部长。1890 年 8 月 9 日，他出身于福建省闽侯县一个农民家庭，自幼在乡村生活，家境贫寒，兄弟姊妹众多。侯德榜在 13 岁时才进学堂读书，启蒙甚晚。不过，自他一踏入校门，便发奋刻苦攻读，成绩优异，后来被保送到上海学校学习。

［中国］侯德榜
（1890—1974）

1910 年，年仅 20 岁的侯德榜只身北上，考取了当时北平清华大学堂留美预备科。在三年中他更加用功，勤奋攻读，会考时以 10 门功课考 1000 分的记录（即全部满分）而独占鳌头，遂被清华大学堂公费保送到美国麻省理工学院学习化学，后来又就读哥伦比亚大学研究院，1921 年获博士学位，是我国早期的留学博士之一。

1922 年末，侯德榜学成归国，致力于内地化工建设，在天津永利碱厂等处工作。那时，国际上的制碱（纯碱）工业已经由"碱灰"法（即吕布兰法）转向了比利时发明的苏尔维法（即氨碱法）。天津永利碱业公司为了改进生产，花了 2 万美元的高价从瑞士买回来制碱厂的设计

纯度 99%
红三角牌纯碱

图纸。仔细一看，发现有许多部分与我国的国情不符，需要大量修改。这时，侯德榜已经担任了永利碱厂的技师长（相当于总工程师）。他率领一班人马，夜以继日地工作，闯过了一道道技术难关，终于在 1926 年 6 月生产出了雪白的纯碱，取名红三角牌。这一产品在美国费城举办的万国博览会上获金质奖章，被誉为中国近代化工进步的象征。

　　1937 年 7 月，日本发动侵华战争。永利碱厂决定西迁入川（四川）。1938 年选定四川西部的乐山市五通桥镇设厂。可是，该地远离海岸线，没有充足的海盐供应，附近只产井盐，能否继续沿用苏尔维法制碱呢？

四川盆地的井盐，价钱比海盐贵。如果以它为原料，生产成本势必增高；同时，由苏尔维法得到的副产物（氯化铵），无法利用，从经济上讲很难维持生产。侯德榜听说德国有一种先进技术，就亲赴该处考察，希望购买其专利，谁知却遭到拒绝。这一下激怒了侯德榜，后来他多次表示，一定要为中国争口气，千方百计地搞出一套适合于自己国家国情的制碱方法来，爱国热忱和赤子之心溢于言表。

从此，侯德榜下决心自己来开发制碱的新工艺。从 1938 年直到 1941 年，他先后在香港、上海和美国纽约等地进行试验。1941 年采用新的思路以联合方式生产纯碱和氯化铵的方法终于获得成功，后被命名为侯氏制碱法。

1943 年，经过进一步改进，完成了联合制碱法的总体流程。在当年召开的中国化工学会第 11 届年会上荣获"化工贡献最大者奖"。

侯氏制碱法有些什么特点呢？

（1）原料的利用率高　侯氏制碱法把生产中的"母液"循环使用。利用食盐中的钠离子来制造纯碱；氯离子则制造氯化铵。这样一来，可使食盐的利用率高达 96% 以上。

（2）减少部分笨重设备　由于侯氏制碱法中可以不建石灰窑、化灰机、蒸馏塔等大型装置，因此，投资费用能节省 1/4，并且排出的废液、废渣较少。

（3）生产综合效益高　采用联合流程，把纯碱工业与合成氨工业结合起来，故侯氏制碱法生产的产品不仅有纯碱，还有氯化铵。氯化铵可以取代硫酸铵等化肥，以节省硫酸等原料。

侯氏制碱法尚有一些待改进之处，比如设备容积的满负荷系数较小；动力消耗大；当母液中含氯化铵浓度高时，其腐蚀性较严重。但是，侯氏制碱法仍然不失为一个生产纯碱和氯化铵产品的好方法。

侯德榜不仅具有丰富的实践经验，而且还有精湛的学术造诣。早在1933 年，他将多年潜心研究的成果，用英文编写了《纯碱制造》（Manufacture of Soda）一书在美国出版发行。该书中把曾经保密时间长达 70

二氧化碳 → 碳酸氢钠 → 冷凝过滤 → 锻烧 → 纯碱

食盐　氨

饱和食盐水

母液 I

食盐水 二氧化碳

侯氏联合制碱法的工艺流程是：

母液 II　过滤 → 肥料

年之久的苏尔维法之工艺技术进行整理，公诸于世，深为中外学者所钦佩。1948年《纯碱制造》被译成俄文在莫斯科印刷。1959年他又在北京出版了《制碱工学》的中文版，从理论上对他所开创的联合制碱法进行了深入的阐述，受到许多化工技术人员的欢迎。

从1953年起，侯德榜在大连化工厂对联合制碱法进行了全面地修改、调整和完善，并于1964年最后实现了工业规模化的生产。从此，侯氏制碱法名扬中外化工界。

　　侯德榜的一生，为中国的化工事业竭尽全力，做出了不可磨灭的贡献。鉴于他在学术上和在工作上对国内外制碱工业所起的作用，曾当选为中国科学院学部委员，担任过中国化学学会理事长、中国科学技术协会副主席。此外，侯德榜先后荣获中国工程师学会金牌奖章、英国化工学会荣誉奖章、美国哥伦比亚大学奖章等。侯德榜还是英国皇家学会会员、美国化学工程学会会员、美国机械工程师协会终身荣誉会员，等等。

　　1974 年 8 月 26 日，侯德榜因病在北京逝世，享年 84 岁。

技 术 篇

在当今社会里，不论是人民生活水平的提高，还是科学技术的进步，几乎都离不开化学化工为之鸣锣开道。化工产品的生产与应用，往往是人类文明发展新阶段的"闪光点"之一。

生产依靠技术，而技术却是随着时代不断发展、前进的。化工技术是人们追求美好生活的有力武器之一。它的神奇魔力能够变无用为有用，变肮脏为干净，化腐朽为神奇。这些"武器"到底是些什么？化学工业与技术究竟包括哪些方面？

限于篇幅，我们很难对"大化工"所包含的精妙纷繁的内容作全面、详细的描述。本篇将掠影式地纵览化工王国的脉络，尽可能简明地向你介绍贴近你身边的各种化工技术。

一、概说化工

在现代汉语词汇中，所谓化工，即包含了化学工业、化学工程和化学工艺等多方面的涵义，也被称为"大化工"。但一般而言，它又是指采取化学手段，把天然物质转变成具有多种性能和用途的人造物质，并且以更大规模的生产形式，为社会增添大量的物质财富，提高人民生活水平的化学工业。

化工的初始原料，计有五类：空气和水，天然气，石油和煤，矿物，动物，植物。

（1）空气是由占总体积12%的氧、78%的氮和其他稀有气体等组成的混合物。水是由氢和氧组成的最简单的化合物，系无色、无臭、无味的液体。

（2）天然气是一种蕴藏在地层深处的易燃气体，主要成分是甲烷、乙烷、丙烷、丁烷等烃类化合物，还有少量的氦、氮或硫化氢等。石油是一种粘稠性的黑色液体，为多种烃类的复杂混合物；由低级动植物在地层和细菌的作用下，发生化学变化和生物化学变化而形成。煤是地下埋藏的黑色固体。它是亿万年前古代植物遗体在沼泽或湖泊中积聚后，经过漫长的演变而形成的。

（3）矿物（含放射性矿物）是地壳中存在的固体化合物，如铁矿砂、锰矿等。

（4）动物是自然界中有神经、有感觉、能活动的生物体，以有机物等为食物，如牛、羊等。

（5）植物是自然界中的一大生物群体，由多种细胞构成。它们以吸收无机物、水等为养料，如树木、草等。

以上不同的原料，通过化工过程，可以生产出许多化工产品，派生出众多的工业部门。而化工过程（或者说化学加工）是指从某种原料出发，采取相应的化工单元操作，把原有的较简单的物质（元素或化合

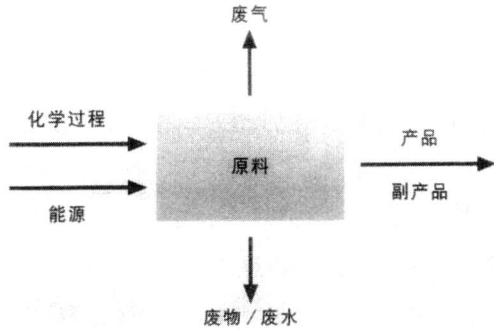

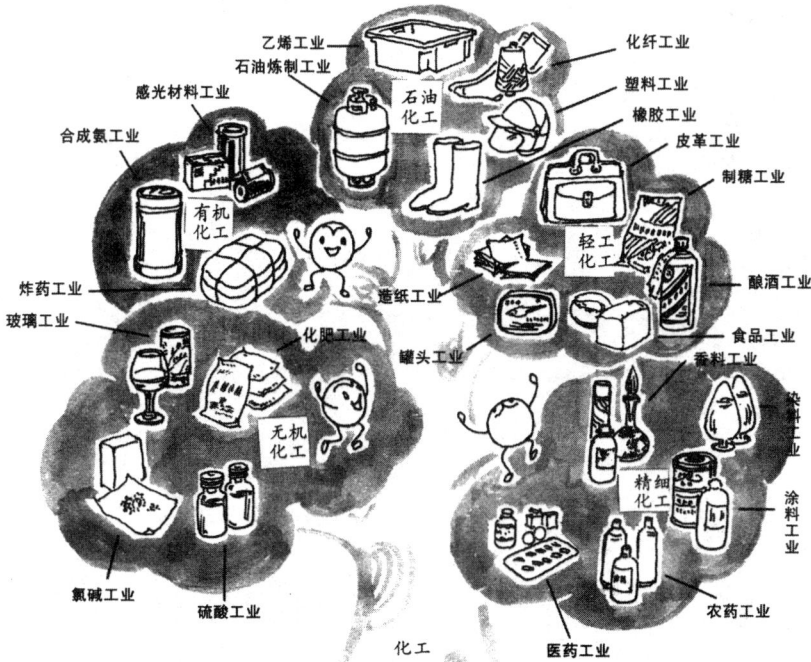

乙烯工业　石油炼制工业　化纤工业　感光材料工业　塑料工业　合成氨工业　石油化工　橡胶工业　皮革工业　制糖工业　有机化工　轻工化工　酿酒工业　炸药工业　造纸工业　食品工业　玻璃工业　化肥工业　罐头工业　香料工业　无机化工　染料工业　精细化工　涂料工业　氯碱工业　硫酸工业　农药工业　医药工业　化工

物）经化学反应而制成较复杂的物质（产品）。化工过程需要耗费能源，也会有废气、废水、废渣产生。

化工产品，种类繁多，不胜枚举。本书仅按无机化工、有机化工（含石油化工）、轻工化工、精细化工等四个系列，简要地介绍常见的化工产品，如各种化学试剂（硫酸、烧碱）、硅酸盐材料（玻璃、陶瓷）、化肥（氮肥、磷肥）、石油制品（汽油、润滑剂）、合成材料（化学纤维、塑料）、食品、皮革、香料、染料、涂料、农药、医药品等。

二、化工单元操作

搅拌与过滤

在化工生产中为了充分地利用原料、节省能源、获得优良产品等，需要采用一些化工技术，掌握和熟悉这些化工技术是化学工程师的基本功。这些技术指化工产品制造过程中常用的具有共同特性的物理操作，又称为"单元操作"，其中包括有：搅拌、过滤、蒸发与蒸馏、萃取、旋风分离、离子交换、吸收、精馏、干燥等。此外，还有结晶、制冷、流态化等等。

搅拌，是为了使几种物料混合均匀的一种操作，它是通过搅拌器来实现的。通常是在反应釜中依靠搅拌器转动来产生搅拌作用，以利于进行化学反应。

搅拌器

反应釜是化工中最常用的设备之一。在釜外装有夹套，釜内配备有换热器和搅拌器，在釜的顶部设置有搅拌器的主轴。通过电动机及减速器，带动主轴旋转，而使釜内物料搅拌均匀。反应釜内搅拌器由钢料制成，周围是加热用的蛇形管。搅拌器有旋桨式、涡轮式、斜桨式、螺带式、铁锚

冷却水入口　冷却水出口

蒸气入口　　进料入口

加热蛇管

滤饼

反应釜　　搅拌器

成品　　冷凝水出口

铁锚式　　螺带式　　斜桨式　　涡轮式　　旋桨式

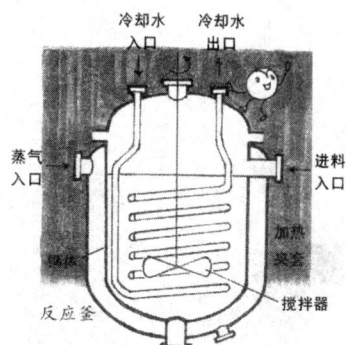

式等不同的型式，分别应用于不同粘性的液体或悬浮体的生产操作。

物料经搅拌不仅可以混合均匀，还可以加快互溶组分间的化学反应或强化传热效果。

过滤，就是把液体（或气体）中悬浮着的固体颗粒分离出来的一种操作。它通常是利用"过滤介质"来达到分离的目的。所谓过滤介质主要有滤纸、滤布、金属网、砂层硅藻土、微孔滤膜等。

在化工生产中，过滤的设备有板框过滤机（间歇操作）、真空过滤机、离心过滤机（连续操作）等。常用的转筒式真空过滤机是利用转筒在回转中与分配头的不同管路接通，分为三个操作区：①过滤区，让浆料贴上转筒，干料在网外，滤液从中间排出；②洗涤区，料饼经水洗并吸干；③卸料区，料饼被刮刀铲掉、送走。这种过滤机的优点是：可以处理各种浆料、管理简

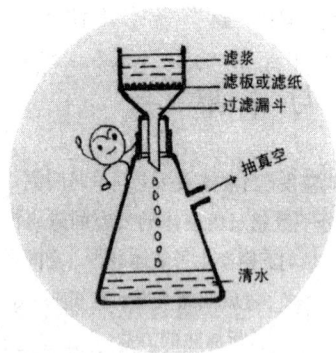

滤浆
滤板或滤纸
过滤漏斗

抽真空

清水

过滤原理示意图

单。缺点是：过滤面积小、滤饼洗涤不充分等。

离心过滤机则是以惯性离心力来分开滤浆中的固体和液体。

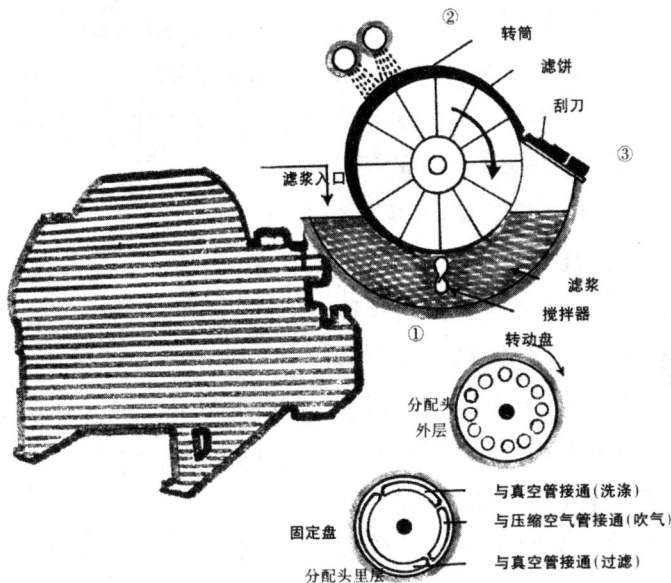

真空过滤机外形图

过滤操作的应用较广。例如，实验室中常用滤纸过滤分离开沉淀物和水；啤酒厂过滤酒中的杂质；自来水厂也需用过滤操作来净化水源；某些化工厂或轻工业工厂要分开滤饼和滤液，等等。

蒸发、蒸馏与萃取

什么叫**蒸发**？当液体表面上同一时间内气化逸出的分子数超过由液体的外空间进入液面内的分子数时，便产生了液体减少、空间中气体增多的现象，这就叫做蒸发。在工业上利用对蒸发器外部不断加热的方法，使溶液沸腾，产生蒸气排出，后经由除沫器进入冷凝器冷却，再从冷凝器顶部排出不凝结气体，下部流出水。而在蒸发器内的溶液浓度增加，达到要求后从器底排出。蒸发时加热的温度越高，蒸发的速度越快。但是在相同条件下，不同液体蒸发的速度不尽相同，例如，酒精比水蒸发快，清水比糖水蒸发快。

如果说蒸发是以热量传递的手段达到浓缩溶液的目的，那么蒸馏则是依据液体中各种组分具有不同气化能力（挥发性能不一样）来分离互溶液体的混合物的操作。

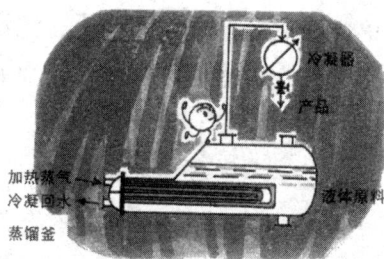

蒸馏

最简单的蒸馏装置是在蒸馏釜中的物料液被蒸汽管加热，形成蒸气引入冷凝器，经冷凝后作为顶部产品，而在釜内的液体中，该组分的浓度逐渐变稀，蒸气中的该组分加浓。例如应用蒸馏方法可以从自然水制得蒸馏水（纯净水）；在用发酵法制取酒精后，可用以提纯酒精的含量等。

工业生产取自于自然界的原料，绝大多数是混合物。如果它们是一种非均匀的混合，一般是利用

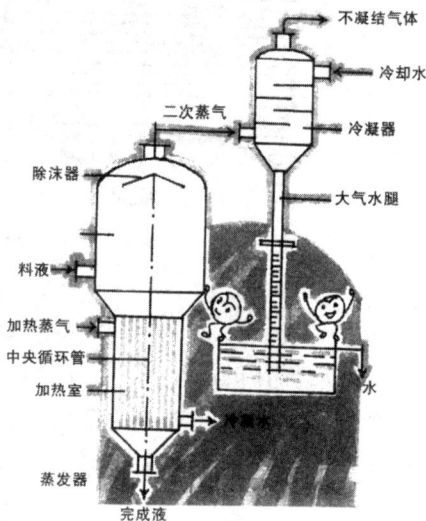

蒸发

沉淀或过滤的方法来分开。例如，水中混有泥沙，用明矾沉降，再以布袋或毛毡过滤，便将清水和泥沙分离开来。但是，如果遇到均匀混合的液体，就不好办了。化工技术上有一种分开混合液体组分的操作叫做萃取。萃取是利用混合液体中各种组分对选定的溶剂具有大小不同的溶解度，从而使液体组分转移，达到各组分完全或部分分离的目的。这就好比要从一群不认识的围在一起做游戏的孩子们中，找出一个被指名的小孩，那么通过与他相识的小朋友找，最容易找到。例如，有一种含碘的水溶液，要把其中的碘从水里分离出来，可以用四氯化碳（CCl_4 无色

液体）加进去，摇匀。由于碘在四氯化碳中的溶解度大大地超过在水中的溶解度，因此，碘就从水中自动地转入到四氯化碳里了。碘的相对密度（旧称比重）是 4.94；而四氯化碳的相对密度是 1.59，两者的混合液均比水重，可从下层流出，而溶液的上层则为清水。这样就把碘轻易地分离出来了。

在上述萃取操作中所选用的溶剂（四氯化碳）叫做萃取剂。混合液体中被分离的组分（碘）叫做溶质，而其原溶剂（水）叫做稀释剂。萃取后得到的液体称为萃取相，其主要成分是萃取剂（四氯化碳）和溶质（碘）；剩余的溶液称为萃余相，主要是稀释剂（水）。

工业生产上利用重相（相对密度大）和轻相（相对密度小）的转移来分离混合液体。这种萃取技术

萃取原理示意图

与其他分离溶液的方法相比，具有以下优点：常温操作，节省能源，操作也很方便。通常应用的例子有：以苯为萃取剂使煤焦油脱酚，以碱水为萃取剂除去石油馏分中的硫杂质等。此外，萃取也应用在湿法冶金、原子能化工等领域。

旋风分离与离子交换

在化工生产中，当遇到有些固体或悬浮液的物料大小不一、良莠混

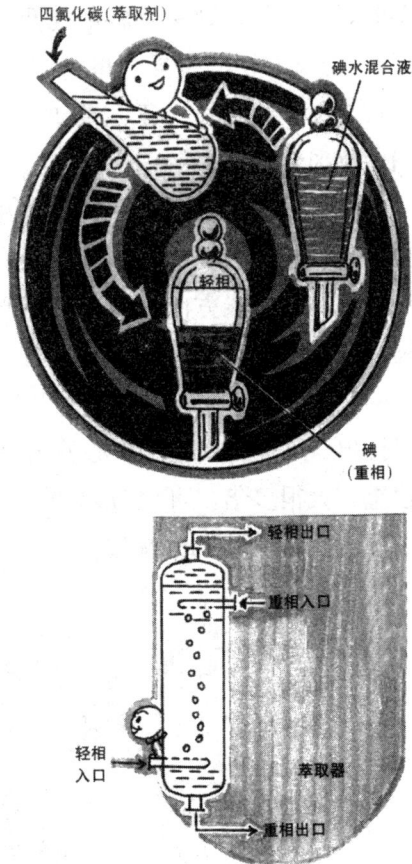

杂的时候，可以利用物料的比重（相对密度）、受风面积的差异，将它们分离开来，以符合除杂、分级等工艺要求。这种操作叫做**旋风分离**。

旋风分离器是用以分离气体中含有的少量灰（或液滴）的一种常用设备。被净制的气体从切线方向进入带有锥形下部的圆筒中，由于离心力的作用，将比重大一

旋风分离器外观

些的灰粒（或液滴）抛向周边，灰粒与器壁碰撞后，沿锥形底下部的出口排出，气体则由上部中心的出口排出。旋风分离所产生的离心力比普通重力大很多倍，可以分离小到直径为 5 微米，相当于一根头发丝的 $1/12\sim1/14$ 大小的细灰粒。

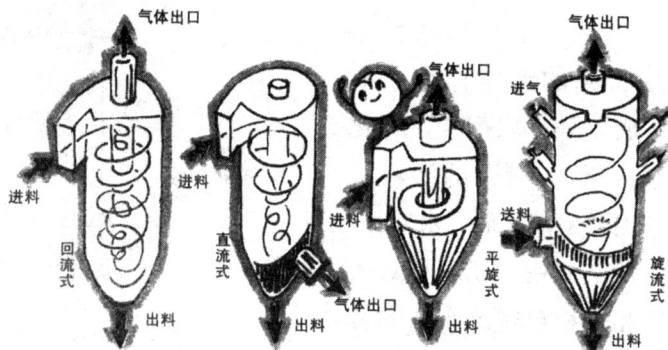

各种类型的旋风分离器

旋风分离器有四种型式：回流式、直流式、平旋式和旋流式等。回流式旋风分离器的特点是：结构简单、操作方便、分离效率较高，多用来分离颗粒大的粉状物。直流式和平旋式旋风分离器，其气流呈顺向运动，阻力较小，适合分离中等颗粒的悬浮物。旋流式旋风分离器的结构复杂，因为要不断地补充新的气流，加快旋转，所以分离作用更为强烈，它多用于更细小的粉尘分离。例如锅炉的烟气除尘上可以安装一台旋流式旋风分离器，排入大气的烟气中尘粒即可大大减少。

离子交换技术是利用某种离子交换剂与溶液中的离子之间发生交换反应,从而达到分离和净化的目的。

离子交换器

如自然水中含有多量的钙镁离子,被称为硬水。这种水直接用于锅炉内,就会在受热后不断地结水成垢(碳酸钙和碳酸镁的沉淀物),水垢若不除掉,烧水时就会无谓的浪费时间和燃料,日子久了还有可能发生爆炸。因此,利用离子交换技术把水中的钙镁离子交换出来,代之以别的离子(如钠离子),就可以避免生成水垢,所得到的水叫做软水。

离子交换的分离操作一般在交换柱(或软化罐)中进行。把离子交换剂(球状或粒状,含有钠离子)先经过晾干、研磨、筛取所需的粒度范围,然后再用盐酸处理,除去杂质,洗涤至中性。在填装入交换柱后,球状离子交换剂就可以把钙镁离子吸附上来,而把钠离子排出去。用来交换阳离子(如钙、镁)的交换剂叫做"阳离子交换剂",其他还有阴离子交换剂等。

当硬水从软化罐的顶部进入,通过交换柱,硬水中原来含有的钙镁离子被交换剂吸附着,而把钠离子分散到水中,如此便得到了软水,由罐底部排出。所得到的软水即可用于烧锅炉了(锅炉用水)。

当离子交换剂上吸着的钙镁离子积累到一定程度,需从交换柱内取出,再放入大槽中以浓盐水处理。这时盐水中的钠离子又能把钙镁离子交换下来，使其重新成为阳离子交换剂，故又"复生"，可再次使用。

离子交换除了用于硬水软化之外，还可应用于制糖业中的糖液脱色；从工业废水中回收贵金属；从发酵液中提取抗生素等。

吸收、精馏与干燥

吸收技术是化工生产中广泛用于分离气体混合物的一种操作。它是根据不同组分在溶剂中溶解度的不同，让混合气体与适当的液体溶剂相接触，使气体中的一个（或几个）组分溶于溶剂中形成溶液排出，从而使混合气体得以净化或制造、回收有用成分，例如，用乙醇胺脱除煤气中的硫化氢；以水吸收三氧化硫制取硫酸等。

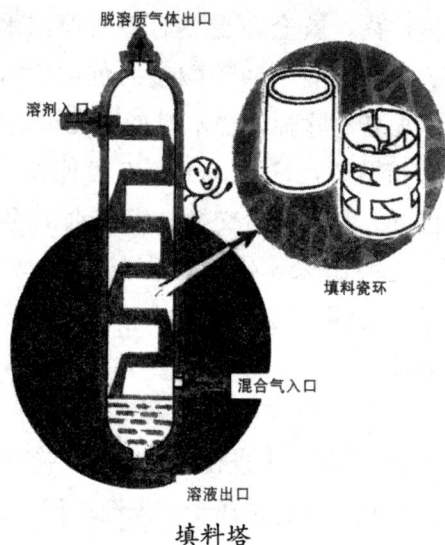

脱溶质气体出口

溶剂入口

填料瓷环

混合气入口

溶液出口

填料塔

工业上的吸收装置中有板式塔和填料塔（又称填充塔），主要是由圆柱形的塔体和中间塔板（上有很多小孔）或填料瓷环等构成。溶剂从塔上部加入，逐级向下流动并保持板上有一定厚度的液层。混合气体从塔下部进入，逐级向上穿过，溶质依次吸收，使气体的浓度从下向上逐级下降，而溶剂浓度从上向下逐级上升。这样，脱溶质的气体由顶部排空，溶液（通称富液）由底部流出。

精馏，又称分馏，即利用回流在同一设备中同时进行多次部分气化和部分冷凝，使液体混合物得到高纯度的分离的一种操作。精馏与蒸馏一样，都是对液体混合物进行加热处理，沸腾后分出生成的蒸气而冷凝为液体。精馏操作时，由加热釜中连续上升的蒸气，与冷凝器得到的液体在精馏塔内回流接触，可以得到与重复简单蒸馏若干次相当的效果，从而提高各组分的分离程度。可以这样说，精馏之所以能使液体混合物得到比较完全的分离，其关键在于进行了回流。没有回流，精馏无法实现。

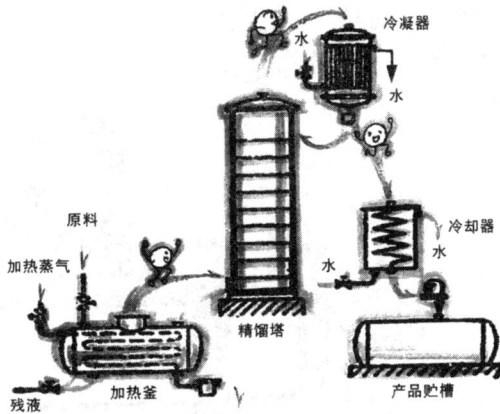

精馏装置

干燥，在化工生产中是指用加热的方法，把物料（或成品）中含有的多余水分汽化而脱去。干燥过程的本质是使被除去的水分离开固体跑到空气中，而干燥的目的是使各种固体产品达到规定的含水分标准，以利贮存、运输、加工和使用。

干燥的必要条件是：水分在物料表面的蒸气压一定要高于周围空气的蒸气分压，也就是说空气中的水分子个数必须少于物料表面堆聚的水分子个数，这样物料中的水分子才能跑向较大的空间。因此，空气中的相对湿度十分重要。相对湿度越小，空气中的水分子越少，对于干燥操作越有利。

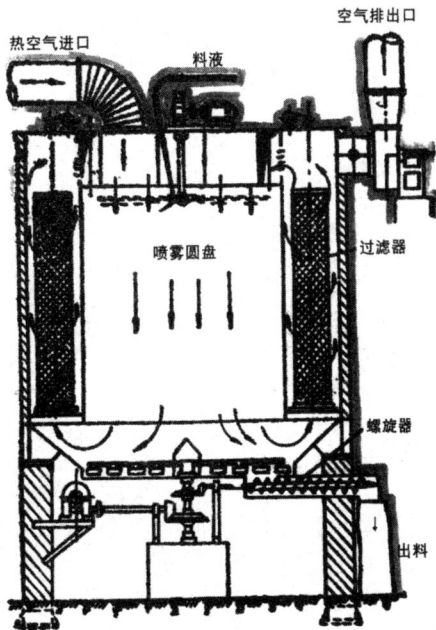

热风干燥器

化工生产中常用的干燥设备，为便于连续化，多采取对流干燥——利用热空气与湿物料接触，带走水分，获得成品，例如，热风干燥器、滚筒干燥器等。干燥在化工、纺织、造纸、制革、食品、农副产品加工等生产中都有广泛的用途。

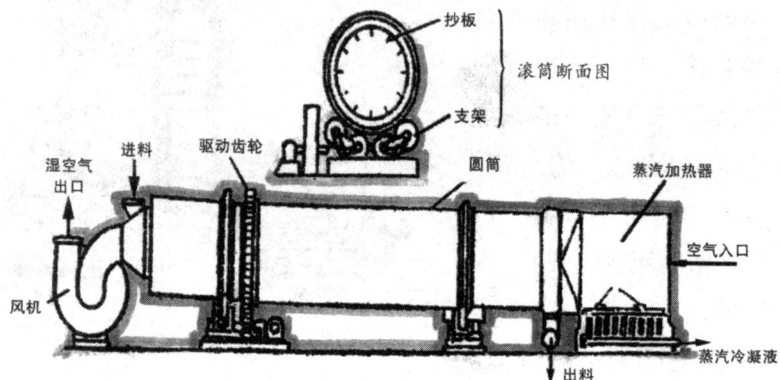

滚筒干燥器外形图

三、功勋卓著的无机化工

老当益壮的"虎将"——硫酸

无机化工是指工业上对无机化合物的制造，特别是作为基础工业需要的"三酸"（硫酸、硝酸、盐酸）、"两碱"（纯碱、烧碱）和盐类（硅酸盐材料）的制造等，其中硫酸被誉为化工生产中的"虎将"。

在基础化学工业中专门生产硫酸的部门及体系，属于硫酸工业。它始于1740年英国人沃德以硝化法制硫酸之时，至今已有250多年的历史，仍在不断地发展。1746年巴罗克发明了铅室法制硫酸；并建成了世界上第一座硫酸厂。1827年法国人吕萨克发明了塔式法制硫酸工艺。1831年英国人菲利普斯发明了以接触法制取硫酸。其主要产品有：稀硫酸、浓硫酸、发烟硫酸、蓄电池硫

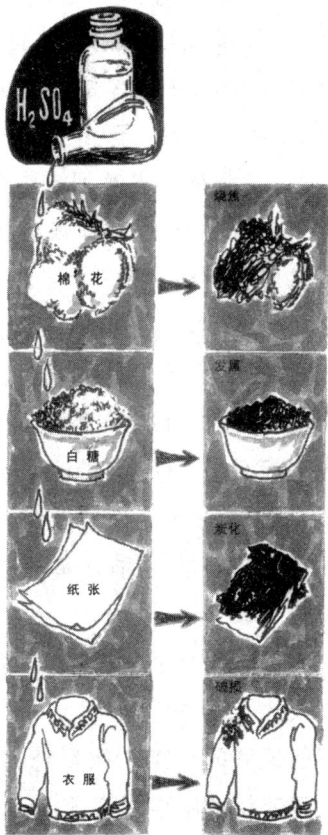

酸等。

硫酸是化学工业中重要的产品之一。一个国家的化学工业是否发达，其硫酸的年产量和消耗量，可以作为衡量的一把尺子。

硫酸的化学式为 H_2SO_4。它是一种活泼的二元强酸，能与许多金属或金属氧化物作用生成硫酸盐，显示出很强的氧化性。例如，与铜作用生成硫酸铜和二氧化硫；与碳作用生成二氧化碳和二氧化硫。而铁、铝本身易钝化不与冷浓硫酸作用，所以可以用铁容器、铝制品来盛放浓硫酸（玻璃容器亦可）。

浓硫酸具有强烈的吸水性或脱水性，它能够迅速的吸水（包括空气中的水分），故常把它用作干燥剂。硫酸也能很快地脱水，可使含氢和氧的有机物失水而炭化。当棉花、白糖、纸张、衣服（棉、麻制物）等遇到浓硫酸时会立即炭化，呈现焦黑色，纸张会出现破洞，衣服会露出窟窿。

硫酸向水中倒
对!

水向硫酸中倒
错!

后果是

（不安全）
爆炸!

硫酸对动植物组织有很大的破坏作用，即具有严重的腐蚀性。如果偶尔不小心，把浓硫酸滴落或溅洒在皮肤上，那么应该立即用大量清水冲洗，务使浓度减小到最低。有条件时可再用稀氨水润湿伤处，再用清水冲洗，直到无灼痛感为止。

硫酸与水产生猛烈的氧化作用，并释放出大量的热。因此，当配制浓度较低的硫酸时，需与水稀释，应特别小心。一定要将浓硫酸慢慢地注入水中，并随时搅拌。千万不能把水倒入硫酸里。这样做将会产生严重后果：或是因为局部过热，浓硫酸从容器口溅

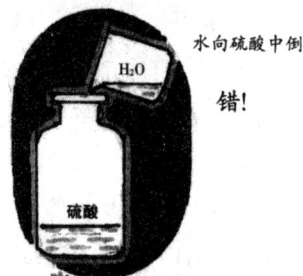

出伤人；或是由于玻璃器皿受热不均匀而引起爆炸！

市售的硫酸品种较多，有工业用的粗硫酸，呈黄棕色；也有实验用的纯硫酸，系无色油状液体，呈稠厚状，相对密度 1.834（比水重），熔点 10.49℃，沸点 338℃，在 340℃时硫酸即行分解，变成气态逸出。纯硫酸又分为：

浓硫酸　酸中含 H_2SO_4 在 90％～98％；

稀硫酸　酸中含 H_2SO_4 在 78％以下；

发烟硫酸　在 100％硫酸中含有游离的三氧化硫不少于 20％，此时打开硫酸瓶口会看见有烟状气体逸出，故称为"发烟"硫酸；

蓄电池硫酸　专供灌注蓄电池之用的硫酸，其 H_2SO_4 含量不得少于 92％，并对硫酸中含有的杂质有严格的限制。

硫酸的制法及应用

硫酸是怎样生产出来的呢？现在世界上有两种制取硫酸的方法：一种是接触法；另一种是塔式法。目前大多数工厂都采用接触法生产硫酸。

硫酸的（接触法）生产过程简述如下：

（1）原料焙烧　把硫铁矿（或称黄铁矿）经过粉碎后，送入沸腾炉内，同时打开风门调节空气，进行高温焙烧，使矿粉中的硫升华与空气中的氧化合，含有变成三氧化硫（SO_3）和二氧化硫（SO_2）的"炉气"。

（2）炉气净化　炉气进入洗涤干燥塔后经过除尘，把其中的灰尘和砷、硒等有害杂质除去，并用水淋降温，然后再用浓硫酸除去炉气中的水分。

（3）二氧化硫转化　将干净的炉气（二氧化硫）加热到 400℃，在催化剂（五氧化二矾，V_2O_5）的帮助下，氧化成三氧化硫，以备进一步转化。

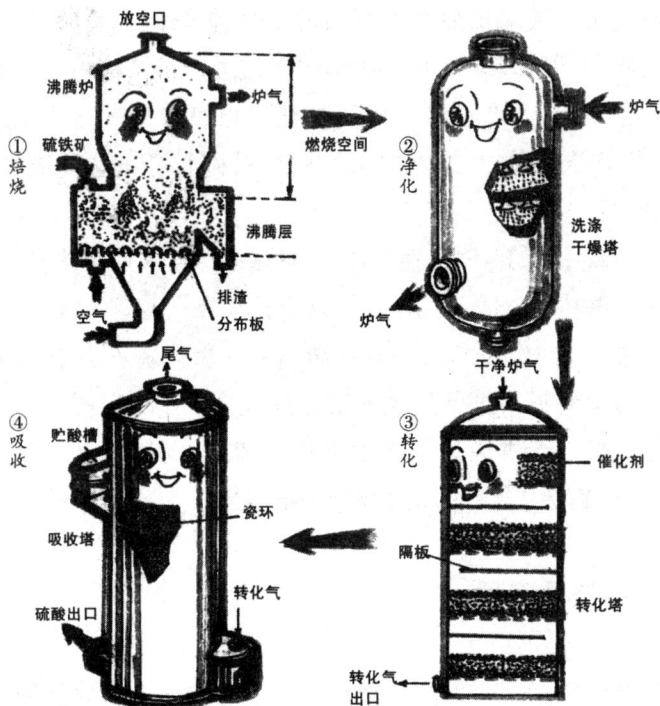

（4）酸液吸收 在工业生产中不是用水来吸收三氧化硫气体，而是使用浓度为98％的硫酸，这样做的效果最好。所以，经过用硫酸吸收后得到的高浓硫酸再用从洗涤干燥塔出来的稀硫酸稀释，便可得到浓度为98％或92％的成品硫酸。

硫酸还享有"工业之母"的称号。它的应用十分广泛。在合成医药产品时，如阿斯匹林、氯霉素等，需使用硫酸起化学反应。在制造许多农药时也离不开硫酸，如生产敌敌畏、敌百虫等。冶金工业上要利用硫酸作为钢材的酸洗剂，以便达到把氧化铁（皮）从钢铁表面剥除掉的目的。染料的中间体在加工过程中借助硫酸的作用方能制得各色染料。化肥中的硫酸铵、过磷酸钙等产品在生产时均需用大量的硫酸。在炸药（如 TNT，即三硝基甲苯）制造时，硫酸也是不可缺少的。在皮革工业上，对原料皮进行处理时也要耗用硫酸。在有色金属冶炼工业中，硫酸作为一种助剂，有利于化学反应加快进行，等等。

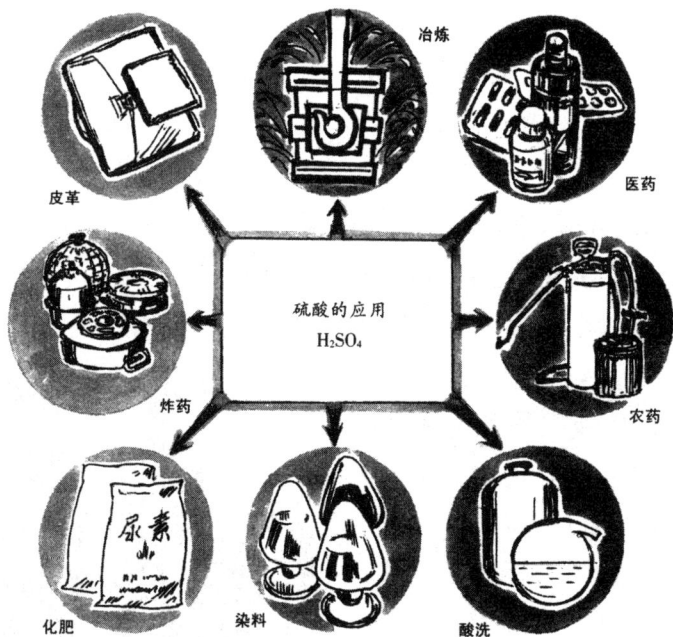

冶炼

医药

皮革

硫酸的应用
H_2SO_4

农药

炸药

化肥

染料

酸洗

电化学的孪生姊妹——氯碱

烧碱，学名氢氧化钠，俗称苛性碱、火碱等，纯品为无色透明晶体，属碱性腐蚀性大的化学品，对皮肤、眼睛黏膜有强烈刺激性。它在轻工、纺织、油脂等方面应用很广。以食盐与水为基本原料，通过电解而生产烧碱和氯气的生产部门及体系属于氯碱工业。它只有百年的历史。1893 年在美国建成了世界上第一个采用隔膜法生产烧碱的氯碱厂。1929 年建成的上海天原电化厂是我国第一家氯碱厂。

利用电解食盐水怎么能够得到烧碱和氯气呢？请看以下实验：

在 U 形管内盛满着饱和的食盐水。向管的两端口处加入几滴酚酞指示剂溶液，再分别插入两根电极，以石墨棒作阳极（＋），铁丝作阴极（一）。接通直流电后，过一段时间即可观察到下列现象：管的两端，即两极处都有气泡出现。此时阳极附近水色变红，说明该处有碱性物质生成；而阴极处产生的气体，用爆鸣法一试，可以听到脆响声；同时阳极处逸出的气体，呈现黄绿色，并有刺鼻的气味。

原来，食盐水通过直流电电解，发生了化学反应，用以下化学方程式表示：

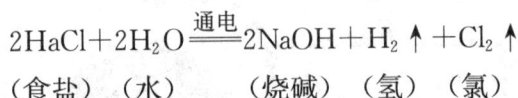

$$2HaCl+2H_2O \xrightarrow{\text{通电}} 2NaOH+H_2\uparrow+Cl_2\uparrow$$

（食盐）（水）　　（烧碱）（氢）（氯）

这一过程称为电解。如果化工厂以生产烧碱和氯气为主，则电解产生的氢气就是该厂的副产品。

海盐、岩盐和湖盐等固体原盐（NaCl）及其饱和盐水均可作为生产氯碱的原料。

工业上常用隔膜法电解食盐水的方法来生产氯碱。主要工序是盐水精制、电解过程、浓缩加工等。

（1）盐水精制　原盐溶解于水后，因其中含有杂质（如钙、镁离子等）必须加热至60℃，向粗盐水中加入碳酸钠（纯碱）、氢氧化钠（烧碱），使之发生化学反应，生成碳酸钙、氢氧化镁等沉淀加以精制。上层的清盐水溢流入盐水过滤器，下层的沉淀（杂质泥浆）排出。清盐水经过过滤后，再加热至65℃～70℃，进入重饱和器，以盐酸调节清盐水的pH值，即为精盐水，送到精盐水槽备用。

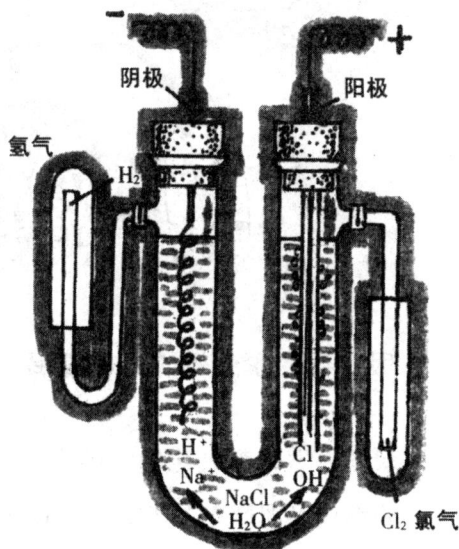

电解食盐水实验装置图

电解食盐水离子定向运动示意图

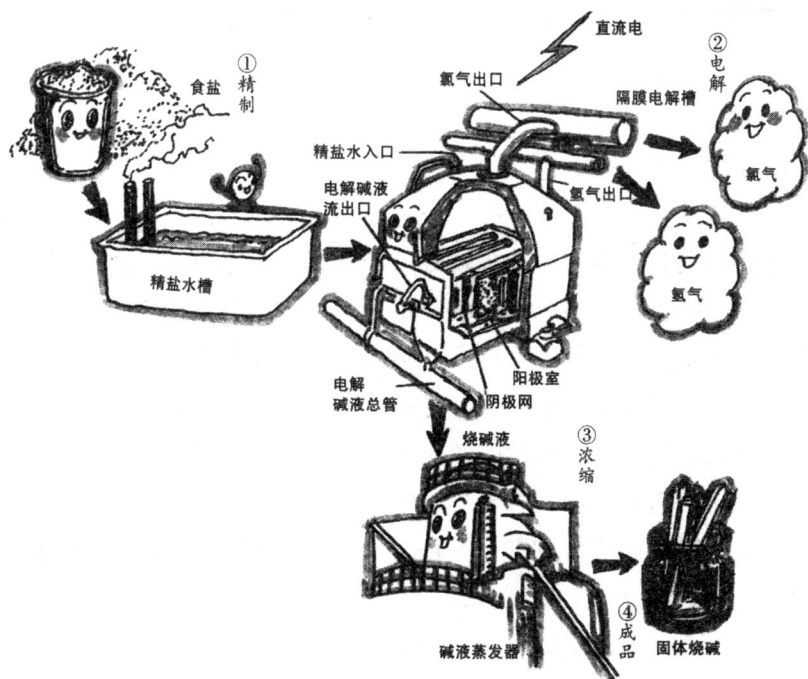

隔膜法电解食盐水的生产过程

（2）电解过程　电解的关键设备是电解槽，通常工业上采用的有隔膜法电解槽。精盐水用泵打入电解槽的阳极室。阳极由金属板(钛板上涂刷铂或铱等金属)制成，它垂直固定在槽底上。阴极由铁丝网构成，其外表面附着一层石棉纤维做成的隔膜。隔膜的作用是：把阳极上产生的氯气与阴极上产生的氢气隔开，防止它们混合后引起爆炸。再者，隔膜也阻止了氯气与阴极区生成的烧碱发生反应。当接通直流电进行电解时，则在上部的粗管道中逸出氯气，另一细管中有氢气出来。从槽的下端阴极区不断地流出电解碱液，其中含烧碱的浓度约为10%。

（3）浓缩加工　电解碱液中除含有部分烧碱外，还有部分未被电解的食盐，且浓度很低，不符合工业产品的要求。因此，把该电解碱液泵入蒸发器，加热蒸发除去水分，提高烧碱液的浓度。同时，经过分离器把析出的固体食盐和浓碱液分开。最终得到浓度为 50％的氢氧化钠成品，再进一步加工成固体烧碱。

硅酸盐王国的骄子——玻璃

硅酸盐是自然界中分布极广的一种物质。它是由硅（Si）、氧（O）和金属组成的化合物的总称，如岩石、粘土等都属于硅酸盐类。天然的硅酸盐大都是晶态固体，熔点高，不溶于水，可作为工业的原料。而人造的硅酸盐，却是非晶态固体，比如玻璃，它是由二氧化硅、氧化钙和氧化钠组成的化合物。两者的性质大相径庭，前者是灰色、无光泽、性能不稳定；后者是透明、有光泽、化学性稳定。

利用上述的硅酸盐物料（一般是石英等）和各种助剂，经过配料、熔化、成型、退火等工序便制成了玻璃或玻璃制品，制造这类产品的生产部门及体系便属于玻璃工业。玻璃广泛用于建筑、照明、生活、包装等方面，应用前景广阔。

制造玻璃（如平板玻璃）的常用原料有：石英（砂）、萤石、白云石、石灰石、长石等。

石英（砂）的化学成分是二氧化硅（SiO_2）。它是一种硅的氧化物，呈六方柱或立方双锥形晶状体，有透明、半透明和不透明之分，是花岗岩、砂岩的主要组成部分。它有许多变种：透明的石英称为水晶；不透明的浅灰色的石英称为燧石；呈带状花纹的石英称为玛瑙；而呈颗粒状的石英，则叫做石英砂，它是玻璃工业不可少的原料。

萤石又名氟石，化学成分是氟化钙（CaF_2）是一种含氟的矿物质。它是多色的立方晶体，易破碎，为全透明至半透明状。加热后在暗处萤石可发出蓝、红色萤光。

白云石是碳酸钙和碳酸镁的混合盐类，它的化学成分是碳酸钙和碳酸镁（$CaCO_3$、$MgCO_3$），有玻璃光泽，是一种白色或黄色、灰白色的固体，具有致密结构或呈鳞片状。

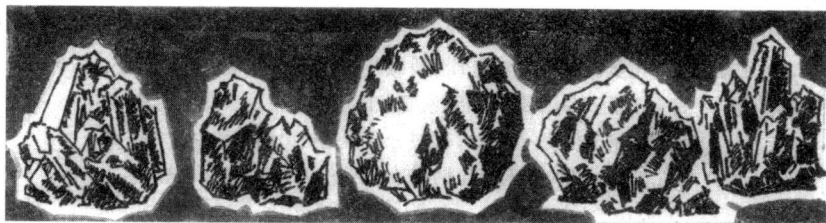

制造玻璃的常用原料

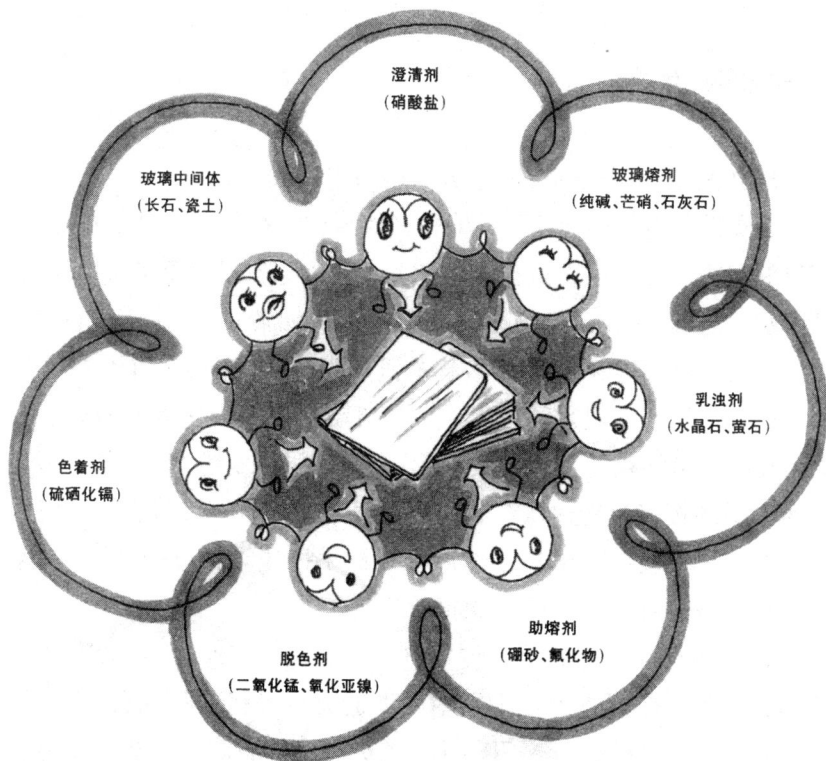

制造玻璃的辅料

　　石灰石是一种含碳酸钙的化合物，常伴有粘土、粉砂岩等，呈灰色或灰白色，性脆，遇酸易溶蚀。

　　长石是长石族矿物的总称。它是钾、钠、钙及钡的铝硅酸盐类，呈白灰色或肉红色状，有玻璃光泽，是用来制玻璃或陶瓷的原料之一。

　　玻璃是由熔体过冷后而得到的固体。玻璃的制造，主要是将石英砂等原料熔化后稍事加工即可。但在工业生产上却相当复杂，单是辅料就有十多种，比如，玻璃熔剂、乳浊剂、助熔剂、脱色剂等等。

玻璃的品种很多，有日常所见的门窗上用的平板玻璃，还有各种器皿玻璃、瓶杯玻璃、仪表玻璃、眼镜玻璃等。此外，一些具有优异性能和特种用途的玻璃也纷纷问世，比如泡沫玻璃、微晶玻璃、石英玻璃、钢化玻璃、激光玻璃、半导体玻璃等。

玻璃杯的生产

玻璃杯是怎样制成的呢？它分为两条生产线，三种产品。

将石英砂称重，再加入各种辅料（如纯碱、石灰石、白云石等），经搅拌机混匀后由皮带输送机投入熔化炉中，通过加热得到玻璃液，由供料器间歇而定量地滴入压制机。压制机呈圆形回转式，在周边列有 10 多个玻璃杯的钢质模具（下模），玻璃液滴入模具后，转动一个位置，接受冲头和模具盖板（上模）的冲压，一只玻璃杯坯便告完成。随后上模提升，再转动一个位置，如此循环进行，每分钟可压制约 40 个玻璃杯坯。

压制后的杯口为毛边状，利用高温煤气火焰对杯口喷边，可使周边光滑，这一操作就叫做烘口。然后由机械手操作"兵分两路"：一路是制印花杯和普通杯；另一路是制钢化杯。

制印花杯时，由机械手把玻璃杯送入温度为 580℃～600℃ 的退火炉中退火（先加热再放入水中冷却叫做退火），消除杯子的应力，使杯内冲入沸水也不会爆裂。若不印花，退火后经检查即可包装，作为普通杯成品出厂。若要印花，则在退火后经四色印花机印花，再送入温度为 600℃ 的烘干炉中烘干，使色彩固定在杯子上，经自然冷却、包装，即为印花杯成品。

制钢化杯时的工序要多一些。玻璃杯坯由机械手送入温度为 680℃ 的加热炉，使之接近玻璃的软化点，再进入急冷塔内吹风迅速降温。然后，在低温加热炉中，再加热到 130℃～150℃，用冷水喷淋杯子，使

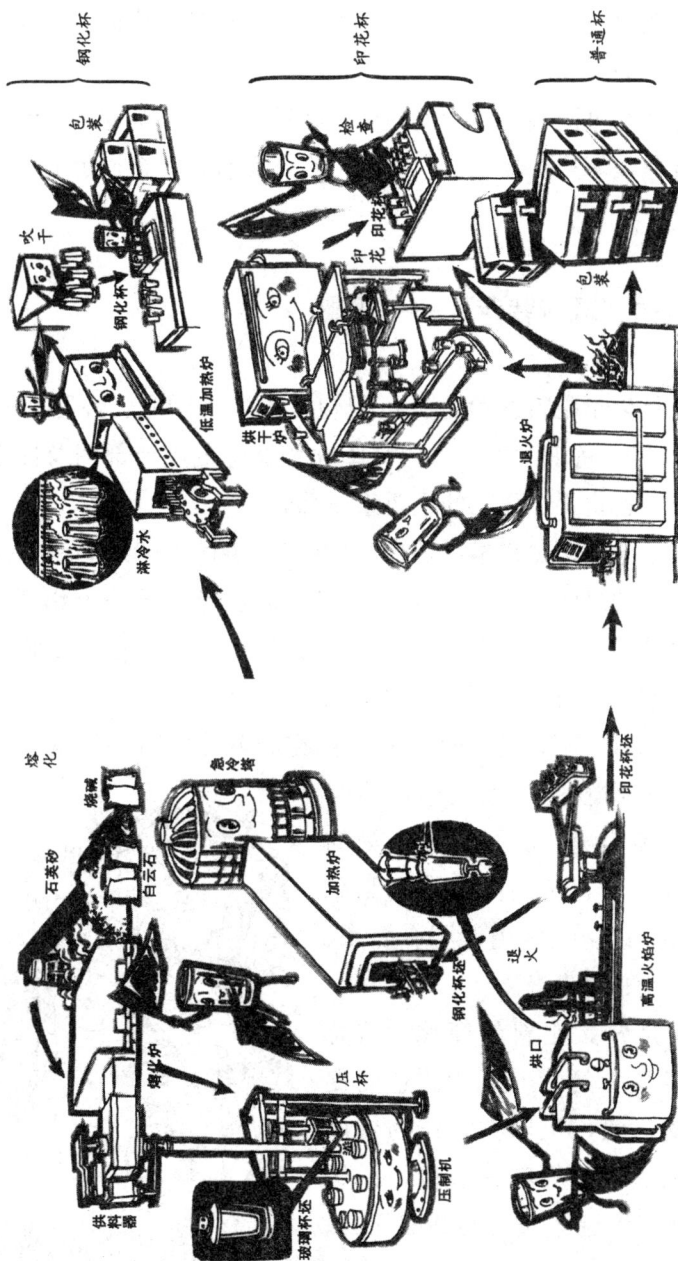

钢化杯

印花杯

普通杯

包装

检查

印花印花杯

包装

吹干

钢化杯

低温加热炉

淬冷水

烘干炉

退火炉

熔化

熔碱

石英砂

白云石

急冷簧

加热炉

印花杯坯

钢化杯坯

退火

供料器

熔化炉

压杯

压制机

玻璃杯坯

烘口

高温火焰炉

熔化

它经过冷热急变处理，最后用风吹干，便可得到钢化杯。同样，经过检查后，包装即为商品。

钢化杯经过两次热胀冷缩、退火处理之后，其抗冲击性能和热稳定性都比普通玻璃杯要高几倍，因此，它不易破碎，在售价上自然也要贵一些。

农业的"观音菩萨"——化肥

化肥是化学肥料的简称。化肥包含氮肥、磷肥、钾肥和其他肥料（锰、硼、锌）等四大类。专门从事化肥制造的生产部门及体系，属于化肥工业。它是无机化工的重要组成部分。

化肥工业的历史很早，还在 1842 年，英国人劳斯利用稀硫酸处理磷矿粉而得到过磷酸钙。同年，便建立起世界上第一个化肥厂。1912 年合成氨投产成功，奠定了氮肥生产的基础。1922 年用氨和二氧化碳合成尿素的工厂投产。不久，钾肥工艺开发成功。

氮肥是氮素肥料的简称。氮是作物的营养中需要量最大的一种元素。它能使作物的根系发达，茎叶繁茂，籽实饱满，从而提高作物的产量和蛋白质含量。氮肥占化肥总产量的 2/3 以上。常用氮肥有氨水、碳铵、硫铵、尿素等。

磷肥是磷素肥料的简称。磷是作物不可缺少的营养元素。它能促进作物对氮素的吸收。农作物体内的核蛋白、磷脂等都含有磷，而缺磷时作物就无法生长，会萎缩死亡。常用的磷肥有过磷酸钙、重磷酸钙、钙镁磷肥等。

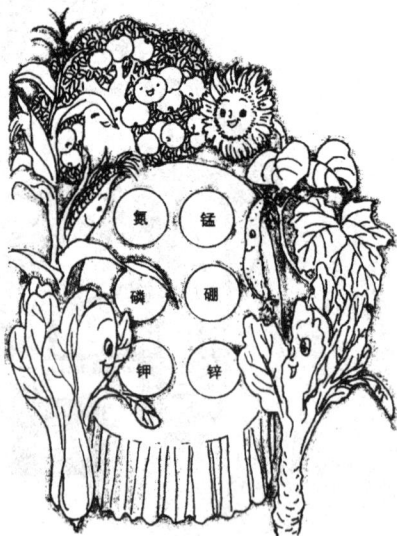

明矾石

颚式破碎机

胶带运输机

球磨机

碱浸槽

NaOH

脱水炉

→ SO₂

还原炉
(560℃)

泥浆

沉降槽

CO
H₂

Al(OH)

转筒真空过滤机

离心机

脱硅槽

空气搅拌分解槽

列文式蒸发器

干燥机

K₂SO₄

板框过滤机
（除去硅渣）

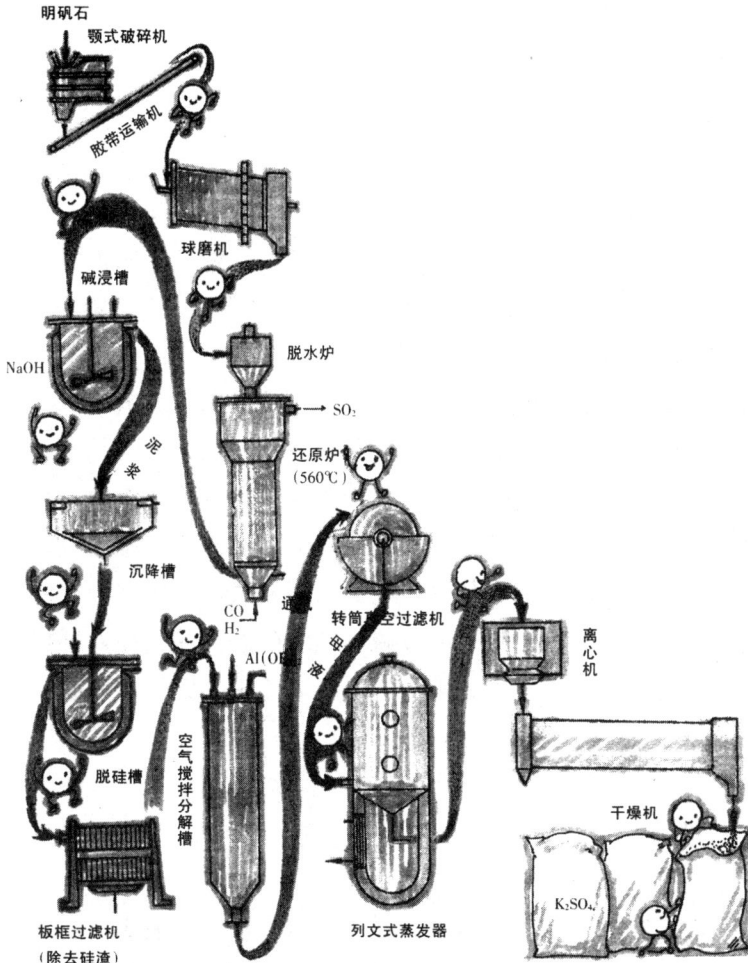

硫酸钾生产流程图

钾肥是钾素肥料的简称。它可以提高作物光合作用的强度；有利于糖类和淀粉的生成；加速作物体内的新陈代谢作用，并能控制养分和水分的输送；防止作物枯萎。常用的钾肥有草木灰、硫酸钾、氯化钾等。

其他化肥包括复合肥和微量肥。复合肥是两种以上的化学肥料混合组成的统称。这种化肥含杂质少，是比较精制的化学肥料。不过，其养分的比例、数量，因不同作物而异。微量肥是含有在作物生长期间需要量很小、若缺少时又会影响作物正常发育的微量元素的肥料。一般作物需要的微量元素有锰、硼、锌等。

化肥的品种较多，制法各异。现以钾肥（硫酸钾）的生产流程为例，说明常见的肥料制造过程。

明矾石矿 $KAl_3(SO_4)_2(OH)_6$ 经过颚式破碎机破碎后，由胶带运输机送入球磨机内磨细，得到的矿粉再送进脱水炉中焙烧脱水，随后进入还原炉，在高温下进行还原反应。结果是逸出的 SO_2 送往硫酸车间；而还原后的精矿脱色，送入碱浸槽。向槽内加氢氧化钠以浸出精矿中的氧化铝和硫酸钾泥浆。把上述泥浆流向沉降槽分离，加水洗涤，送入脱硅槽——硅渣在板框过滤机中除去，而从该过滤机滤出的铝酸钠精矿浆液，送进空气搅拌分解槽内，同时从槽顶加入氢氧化铝作为晶种进行降温分解。分解完成后的浆液，再经转筒真空过滤机，过滤出氢氧化铝作为晶种循环使用；还有一部分母液则送入列文式蒸发器（即外沸式蒸发器）进行蒸发浓缩，析出带有部分硫酸钠的硫酸钾的结晶，再把它们送入离心机，粗硫酸钾被分出。进入干燥机后流出的即为硫酸钾，其纯度为 $68\%\sim70\%$。

化肥的使用

不同的化肥有不同的使用方法。氨水是一种液态氮肥，其含氮量约 16%，工业品的氨水浓度一般是 20% 左右。液氨和无水气氨对金属均无腐蚀性，而氨水对多种金属有腐蚀作用，以对铜最为严重，其次是铁。在贮存和运输氨水时，不能使用铁桶（槽），一定要用耐腐蚀的容器，例如陶瓷罐、塑料桶等。而且要严密封装，贮存的时间不可过长，应放在阴凉背风的地方。在使用氨水作肥料之前，必须掺水冲稀，使氨水浓度下降至 0.5% 以下，否则会引起"烧苗"事故。

碳酸氢铵 NH_4HCO_3 是一种白色的晶体，散发出氨的特殊气味，含氮量为 17%。在常温下它也能分解出氨气，特别是在潮湿、高温条件下分解更快。碳酸氢铵中的铵离子和碳酸氢根离子对土壤无破坏作用，有利于作物生长。使用时应开沟覆土，及时浇水或将其溶解配成溶液后施肥。碳酸氢铵的包装应密封，贮存于低温、干燥之处。要注意随开包，随使用。不要开袋后留存，以防氨（氮）量损失。

农作物施肥前后

尿素（NH$_2$）$_2$CO 又称脲或碳酰胺，是一种白色晶体颗粒状的化合物，系中性肥料。其含氮量高达 46％，是高效、优质的氮肥。1 千克尿素的含氮量相当于 2.2 千克的硫酸铵。它适用于各种农作物施肥，也可作为反刍动物的补充饲料。尿素应贮存于干燥库房，不可与酸类物质混贮。

过磷酸钙 Ca（H$_2$PO$_4$）$_2$·Ca$_2$（HPO$_3$）$_2$ 又称过磷酸石灰，是磷酸二氢钙和硫酸钙的混和物。肥效以所含的五氧化二磷（P$_2$O$_5$）表示，一般约含 16％～18％，呈灰白色至灰褐色粉末，部分溶于水，水溶液显酸性。在潮湿空气中，过磷酸钙易吸收水分，并与所含的杂质起反应，转化成难溶盐与结块，降低肥效。它属于水溶性速效磷肥，适用于多种作物，可用作基肥、追肥或种肥。

钙镁磷肥 P$_2$O$_5$·CaO·MgO·SiO$_2$ 是一种灰白、褐色或灰绿色细粉，呈碱性，不吸潮，一般不结块，是多元素碱性肥料。它适用于酸性、微酸性土壤和贫瘠缺磷的砂土壤，宜作基肥或种肥，对棉花、水稻、玉米等均有肥效。

硫酸钾 K_2SO_4，是一种无色或白色的晶体或粉末，味苦而咸。它能溶于水，作为钾肥，其中含氧化钾为 $48\%\sim52\%$，适用于碱性土壤，宜作追肥，适于棉花、甘蔗、葡萄、烟草等作物。

氯化钾 KCl，是无色的晶体，呈长柱状，溶于水，含钾约 $50\%\sim60\%$，可作基肥或追肥，但对盐碱地和忌氯作物（如烟草、甘薯、甜菜等）不宜使用。

微量肥是微量元素肥料的简称。它是为了作物需要的微量元素专门制造的肥料，品种较多。在施用时，一般在叶面上喷洒，要严格控制用量和浓度。

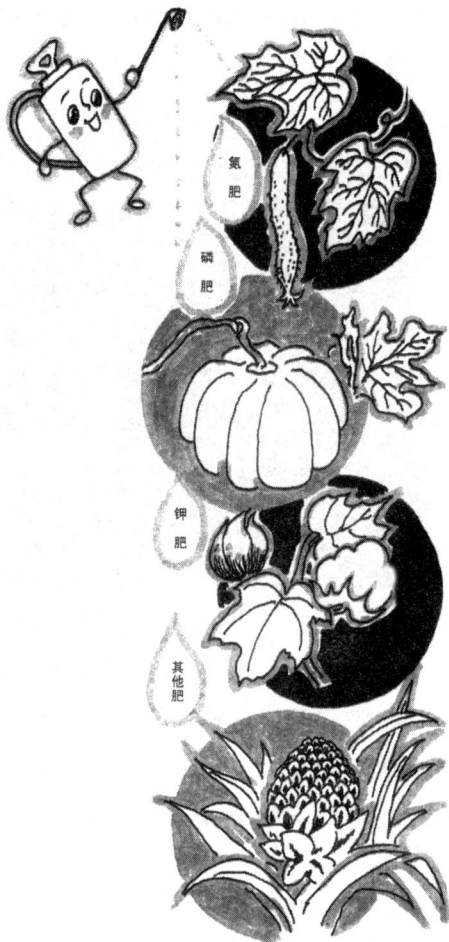

氮肥

磷肥

钾肥

其他肥

四、繁花似锦的有机化工

工业交通的血液——石油

众所周知，有机化合物是含碳化合物或碳氢化合物。一般说来，它们的分子结构既简单又庞大。若采取化学的方法，使大分子分解，或将单体合成比较复杂的有机物，就有可能生产出许多宝贵有用的东西，如燃料、化肥、树脂、纤维、橡胶等，这些都属于有机化工的范畴。

石油是一种化石类矿产，有"工交的血液"之称。它是从地下深处取得的黄褐色或黑色的粘稠液体，具有强烈的可燃性，被称为原油。把原油采集经过加工制成多种油品和化工原料的生产部门及体系，属于石油化学工业。

地下的石油是从哪里来的？在远古时，湖泊、内海等水域中的动植物和一些浮游微生物，它们死亡后的遗骸随同泥沙一起沉积在湖、海盆底，埋藏在地壳之下，与空气隔绝，再加上压力和微生物等作用，经过亿万年后就逐渐地变成了石油。所以，有的地下有石油，有的地下没有

石油，这要看那个地区的地质年代和条件。据统计全世界石油的现有总储量大约还有 1200 亿吨，若以每年开采原油 29 亿吨计算，40 多年之后石油将被采完。

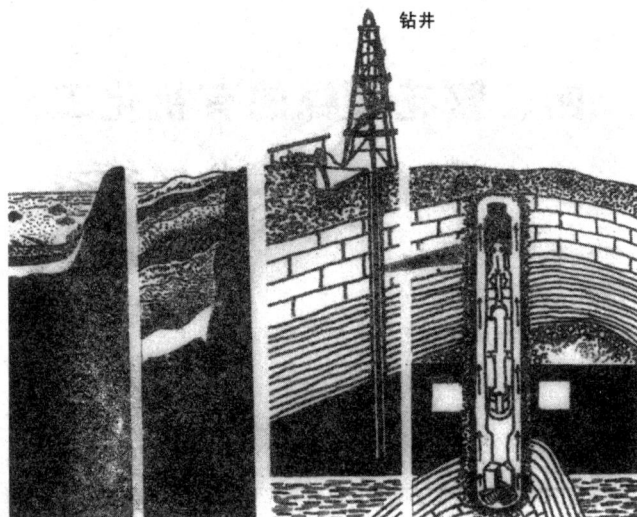

钻井

石油埋在地下深处，少者几百米，多者几千米。要从地底下把石油取出来，必须"钻井"。钻探机由高大的铁塔、大功率的柴油机和装有钻头的钻杆等组成。当柴油机启动后，带动钻杆不停地旋转。钻杆上嵌有金刚石的钻头，向下"进攻"，浓浓的泥浆从井的四周冒出。一根钻杆钻下去了，通过铁塔顶部上的滑轮，用起重机把备用的另一根钻杆吊起来，再端正地接在上一根钻杆上，继续打井作业。钻杆可以一根根接下去，长达几千米。

有的油井，因为地下的压力不够，要使用一种叫做磕头机的设备从下边把油抽上来。它实际上是由电动机带动的抽油泵。有的油井，地下水和天然气的压力大，打通油层后，石油会自动喷出，不用磕头机。为了不使石油喷出四处流失，可以使用一种名叫"采油树"的设备，让石油顺当地流进输油管里。

从地下采出的石油（原油），通常用 4 种方式输送，即铁路、公路、水路和管道。铁路运输有专用的油罐，公路有槽车，水路是万吨级（最高有 20 万吨）油轮。然而，管道运油是最经济的方式，与其他运输方式相比，管道运输具有密闭、连续、稳定、挥发损失少、运费低等优点。

由于运油的距离长，例如从大庆到秦皇岛的输油管道，全长 1152 千米，再加上原油的粘性大、低温时油会凝固等不利条件，为确保运油畅通，在管道某段要设立离心泵站和加热站，以便给运油加大动力和防止在流动途中凝固。整个输油站要分设起点输油站（简称首站）、中间输油站（简称中站）和终点输送站（简称末站）。它们的任务分别是：首站是收集油田来的原油，加压、加热后沿管道送出；中站是把原油进行接力式加压加热；末站是接受管道送来的原油，再供给炼油厂或化工厂使用。整个采油、运油、储油形成一条龙工程。

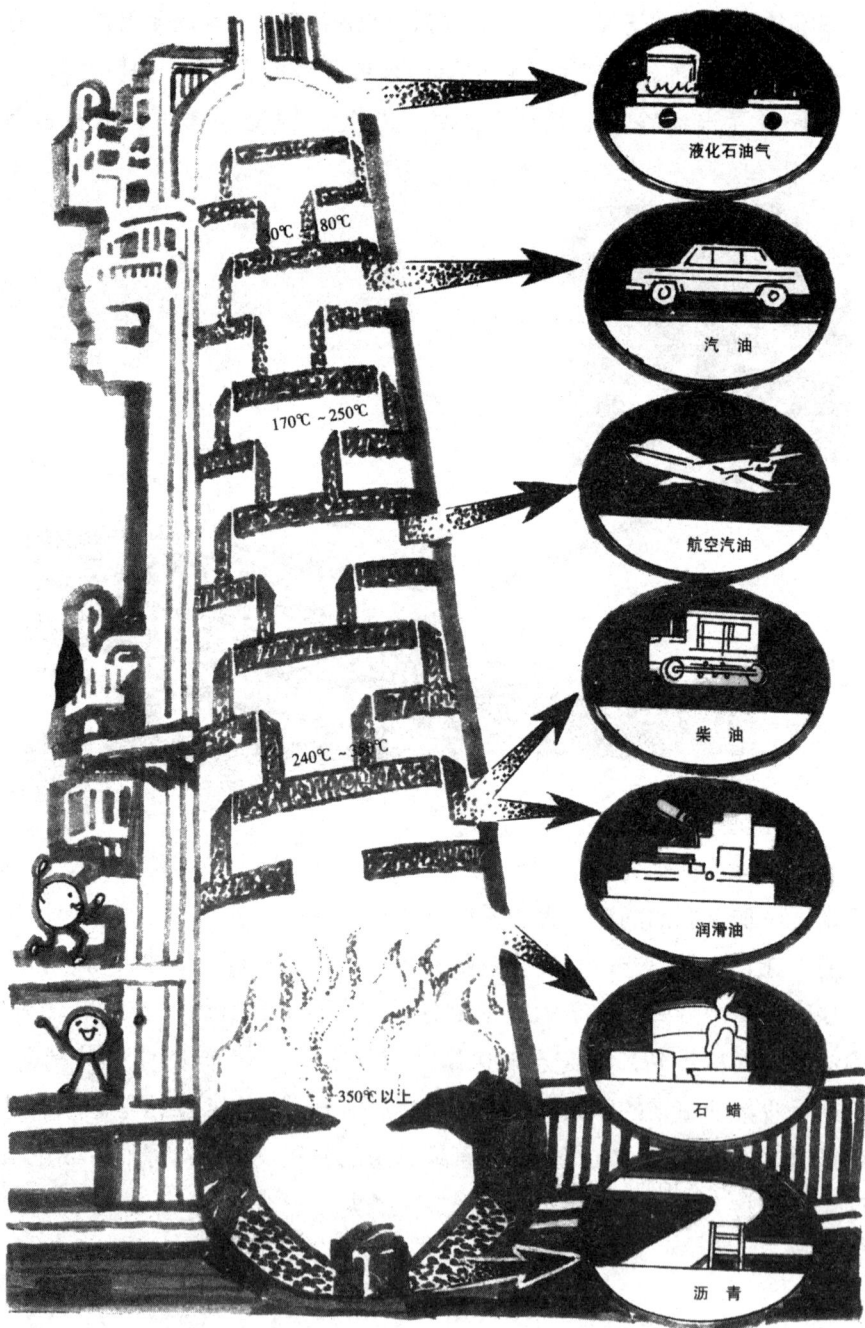

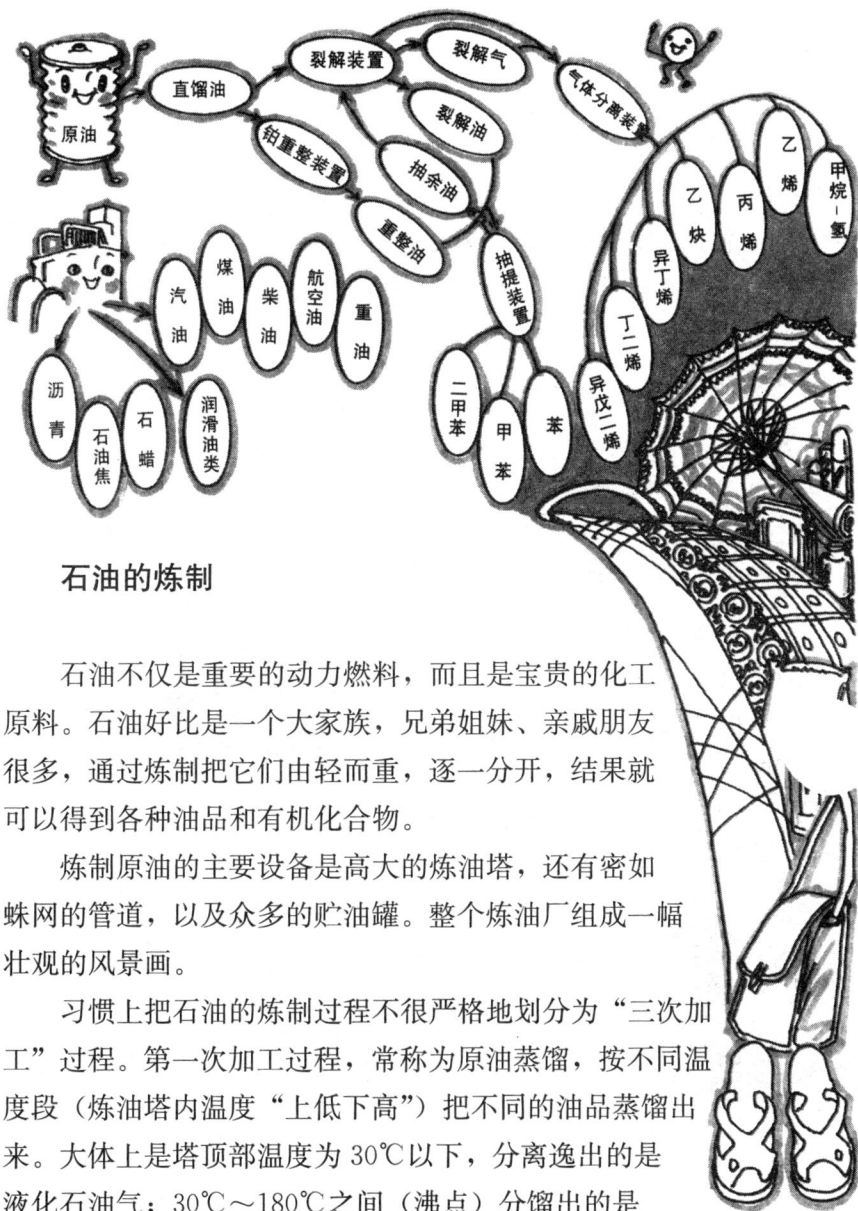

原油
直馏油
裂解装置
裂解气
气体分离装置
铂重整装置
裂解油
抽余油
重整油
乙烯
乙炔
丙烯
甲烷—氢
异丁烯
抽提装置
丁二烯
煤油
柴油
航空油
重油
汽油
异戊二烯
二甲苯
甲苯
苯
沥青
石油焦
石蜡
润滑油类

石油的炼制

石油不仅是重要的动力燃料，而且是宝贵的化工原料。石油好比是一个大家族，兄弟姐妹、亲戚朋友很多，通过炼制把它们由轻而重，逐一分开，结果就可以得到各种油品和有机化合物。

炼制原油的主要设备是高大的炼油塔，还有密如蛛网的管道，以及众多的贮油罐。整个炼油厂组成一幅壮观的风景画。

习惯上把石油的炼制过程不很严格地划分为"三次加工"过程。第一次加工过程，常称为原油蒸馏，按不同温度段（炼油塔内温度"上低下高"）把不同的油品蒸馏出来。大体上是塔顶部温度为30℃以下，分离逸出的是液化石油气；30℃～180℃之间（沸点）分馏出的是汽油；170℃～250℃分馏出航空汽油等轻质油；40℃～350℃分馏出的是柴油、润滑油等重质油；350℃以上分馏出的是石蜡、沥青等渣油，又称残油。

第二次加工过程，是把第一次加工后的重质油和渣油进行裂解（包括热裂解、催化裂解、加氢裂解）和"铂重整"处理，使油分子改变结构，以便再次生产轻质油。

第三次加工过程则是把第二次加工产生的气体再进一步加工，从而制得更多的化学单体（如乙烯、丙烯等）。它们是许多合成工业产品，如合成纤维、合成橡胶、合成洗涤剂、塑料、粘合剂等的原料。

氮肥和硝酸的基石——合成氨

氨是一种无色的气体，有强烈的刺鼻味。它的分子式是 NH_3。

氨在常温常压下比空气轻，向四周飘散。所以氨水、人尿、化肥（碳酸氢铵）中的氨很容易被闻到。氨在水里极易溶解，1 体积水可溶解 700 体积的

合成氨
空气

合成氨

氨。在常温下，加压到 0.7～0.8 兆帕（MPa）或者在常压下冷却到 -33℃，氨就变成了无色的液体。液氨也容易挥发，气化时吸收大量的热。制作冰淇淋时也用液氨做致冷剂。氨在高温下会分解为氮和氢气。当人体被蜂类蜇刺后，用氨水涂抹伤处，可以止痛消肿。

在工业生产上，把大气中游离的氮和氢气直接化合生成氨，叫做合成氨。它是固定氮的一种方法，具有很大的经济意义，为世界各国普遍采用。而利用氮、氢为原料，在高温、高压和催化剂的作用下直接化合制造合成氨的部门及体系，属于合成氨工业。合成氨工业的产物主要有液氨和气氨，都

是重要的化工原料，在有机合成、医药、染料等方面应用很广。它的水溶液叫做氨水，则用于生产化肥（氮肥）。

1912 年在德国奥堡建成了世界上第一台日产 30 吨合成氨装置。由此揭开了生产合成氨的新篇章。它的成功标志着高温、高压、高效（催化剂的应用）三者统一的实现，是化工史上的一件大事。

用来制取合成氨的主要原料有：空气、水蒸气、焦炭或煤等。合成氨生产包括以下五个工序：

（1）造气　把无烟煤块加入煤气发生炉中，交替地向炉内通入空气和水蒸气，将产生煤气和气化的半水煤气，收集至煤气柜。

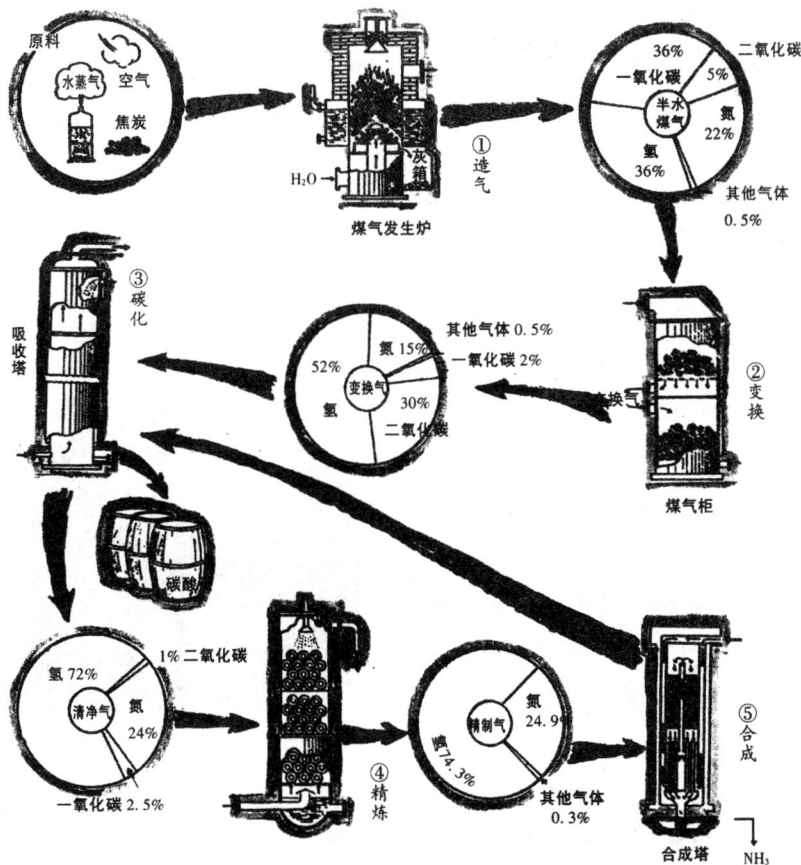

（2）变换　经过脱硫后的原料气，其中除含有氢气（36％）外，还有大量的一氧化碳（36％）。为了提高氢气的产量，可用水蒸气与一氧化碳反应，使之转化成氢气，这个过程称为变换。

（3）碳化　在原料气中的二氧化碳（CO_2）也应除去，这个过程称为碳化或脱碳。常用的方法是在吸收塔内以氨水吸收二氧化碳，便得到碳酸氢铵（一种氮肥），作为合成氨的副产物。

（4）精炼　经过上边3个过程得到的原料气中还含有少量的一氧化碳和二氧化碳，它们对于合成反应产生有害的影响，因此必须进一步脱除。这个过程叫做精炼。

（5）合成　由上述处理又经过多级压缩后的氮、氢混合气，达到指定的高压32兆帕再送入合成塔中，加温至500℃，经催化剂作用，进行合成反应，便得到合成氨。不过合成氨的数量只有10％～16％，再进入水冷凝器与氨分离器，一部分循环，一部分分离出液氨，送到液氨贮槽，这便是成品了。

树脂的摇篮——乙烯

乙烯是最简单的烯烃化合物，它是有机化工或石油化工中的一种基本原料，也是制造各种人造高分子材料的"面粉"。

乙烯原是一种无色的气体，略带有甜味，它的分子式是C_2H_4。为利于贮存，可以在低温下使乙烯液化，变成液体；也可以进行聚合加工变成

乙烯制造设备外景

半固体或固体。乙烯的沸点很低，为－103.9℃，容易燃烧，在空气中含有3％～29％（体积）的乙烯时会引发爆炸。经过加工后的乙烯成为透明或半透明的固体颗粒，被称为树脂。所谓树脂，是泛指化工生产中

所制得的固态的高分子物质，无固定熔点，受热后会软化、发粘，大多数不溶于水而溶于有机溶剂。树脂通常是制备各种化合物的起始原料。

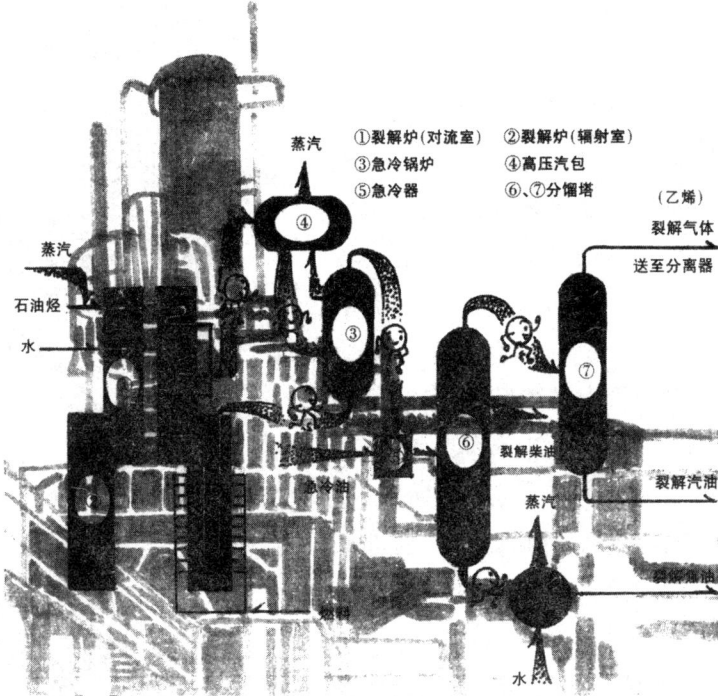

由于乙烯的化学性质非常活泼，因此它与别种物质相遇，很快发生化学反应，可生成多种有用的化合物。例如，乙烯在高压反应釜内加催化剂进行合成，便得到聚乙烯树脂（固体颗粒），再把这种树脂经过热熔、拉伸就变成了聚乙烯薄膜，用来制作各种食品、商品的包装袋。又如，乙烯经过氯化聚合便生成了聚氯乙烯树脂，可以加热熔融后，由白金喷丝孔中喷出，在凝固槽中凝结而成为聚氯乙烯纤维长丝。它又称氯纶。这种纤维具有耐化学腐蚀力强、保暖性好、难燃性高等优点，用于制内衣、塑料绳等。

目前，世界上利用乙烯（气态或液态）来制备许多种树脂（固态或半固态）。除上述几种外，还有苯乙烯、环氧乙烷等树脂。由乙烯生产的中间产物和最终产品很多，已占全部化工产品产值的 50%。所以，国际上常以乙烯的生产水平来衡量该国的石油化工的发展水平。专门制造乙烯产品的生产部门及体系，属于乙烯工业。

工业上采用的乙烯生产方法主要是石油烃高温裂解法。它可以大规模地制取成本低、质量好的乙烯。

将原料油（石油烃）连同过热蒸汽按比例混合，经过裂解炉的对流室加热到 500℃～600℃，然后进入辐射室，在辐射炉管中继续升温至780℃～900℃，使原料气发生裂解，生成乙烯等裂解气。为防止高温裂解的产物发生二次反应，由辐射室出来的裂解产物迅速进入急冷锅炉，很快地降温并换热产生高压蒸气，回收热量。

由急冷锅炉冷却后的原料油温度为 350℃～600℃，还需进一步冷却，使温度降至 200℃～220℃，馏出不同的产品（包括乙烯、甲烷、丙烯等），再把混合气送入分馏塔，而裂解气经压缩机加压，再送至分离装置，从而获得乙烯，其纯度可达 99.5%。

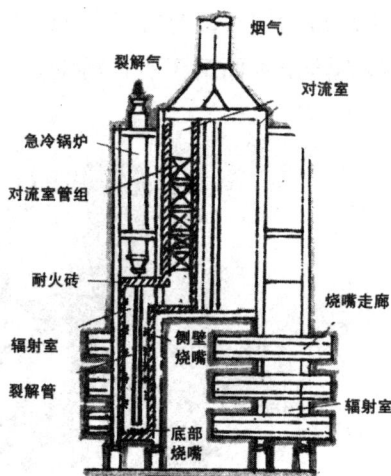
裂解炉结构

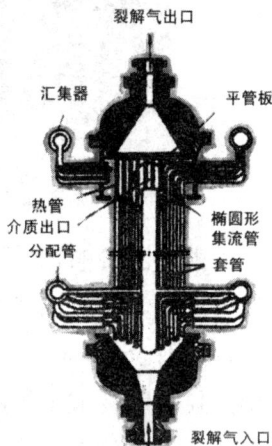
急冷锅炉结构

乙烯的应用

用乙烯可以制备许多中间产物。比如，乙烯和水化合就生成了乙醇（即酒精），这是良好的有机溶剂；又如，乙烯可以生成苯乙烯，再变为苯乙醇，而苯乙醇是香料合成的原料之一；再如，采用由乙烯叠合而成烯烃，再转化为丙烯四聚体作为洗洁剂的原料，加工可得到合成洗涤剂等等。

此外，乙烯还有别的用途。当乙烯在高浓状态下被人吸入后，即会失去知觉，这可用于医疗上的全身麻醉。乙烯又是植物体的内源激素，可加快青果的成熟，故用做果实的催熟剂。柿子、苹果、桃子、香蕉等，放在充满"乙烯利"（乙烯的化合物，是固体商品）的环境中，植物果实会慢慢由青变红或变黄，完成成熟过程。总之，乙烯的应用极其广泛。

纺织舞台上的主角——化学纤维

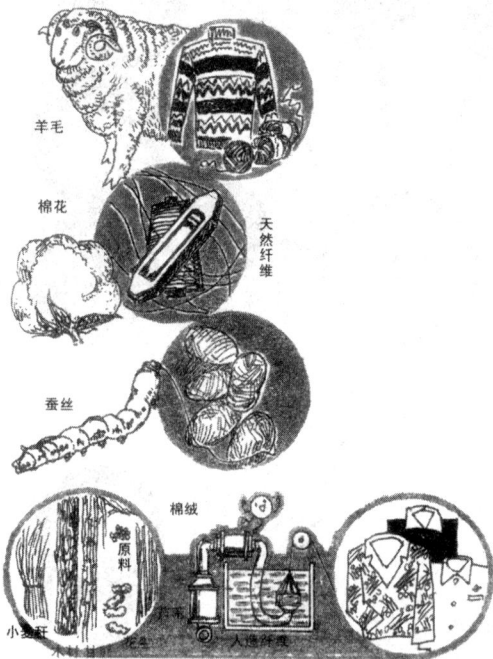

天烯纤维种种

穿衣是人们生活中的一件大事。衣食住行，衣为首。最早的"衣"可能是一张兽皮，自从骨针发明之后，才有可能缝制衣衫。大约在5000年前，我国发明了养蚕，于是便有了丝绸。其后又有了棉花种植与织布、羊毛捻线，为人们的衣着打下了丰实的物质基础。

蚕丝、棉花和羊毛是纺织工业的重要原料，它们都属于天然纤维。这些来自自然界的资源是有限的，因为1只蚕茧只能拉0.5克的生丝，1公顷良田出产的棉花也不过千余斤，而1头绵羊剪下的羊毛也不多。随着世界人口的不断增长，单靠天然纤维远远难以满足需求，于是人们便着力开发了人造纤维和合成纤维。

人造纤维和合成纤维两者合称为化学纤维。凡生产这些纤维的部门及体系属于化学纤维工业（简称化纤工业）。人造纤维是以天然高分子化合物，如以木材、麦秆、芦苇、蔗渣等提取而得的纤维素，作为主要原料，经过一系列的化学处理，变成能够适合纺织用的长纤维，例如人造丝（即粘胶纤维）、人造棉等。合成纤维是以石油化工副产物或天然气、煤、蓖麻籽等为主要原料，经过聚合、抽丝、拉伸、切断、卷取等，最后成为人工合成的纤维，例如聚酯纤维（涤纶）、聚酰胺纤维（锦纶）、聚丙烯腈纤维（腈纶）等。

按照我国纺织行业的规定，人造纤维产品的命名，纤维素纤维一律名为"纤"，比如粘胶纤、铜氨纤等；合成纤维产品的命名一律名为"纶"，比如涤纶、锦纶、腈纶等。在长丝的末尾一律加"丝"。

目前，世界上化学纤维中人造纤维与合成纤维的生产比例大约是1：3。人造纤维中粘胶纤维的产量又占其总量的85％，既包括有鲜艳亮丽的人造丝，又有轻柔软滑的人造棉。用粘胶纤维制成的衣料舒适、透气性好，不足之处是缩水率大，不耐磨、不耐晒。因此，粘胶纤维多用于混纺制品。

合成纤维具有比人造纤维更多的优点，它的强度高，耐磨性好，有耐虫性，还有保暖性。用合成纤维布料做成的衣服挺括、美观、易洗快干、轻暖耐用。三大合成纤维即锦纶、涤纶、腈纶，它们占合成纤维总产量的95％。

锦纶的学名叫聚酰胺纤维，它是一类纤维的统称。在国外，则称为尼龙或耐纶（都是译名），还有叫尼龙6（或锦纶6）、尼龙66（或锦纶66）等。其特点是：结实、耐磨、弹性好。它的耐磨性是棉花的10倍，羊毛的20倍。用锦纶织成的丝袜一双可以顶4～5双棉线袜。用锦纶还可做头巾、风衣、茄克衫的面料，也能制作绳索、渔网、降落伞材料等。

涤纶的学名叫聚酯纤维，俗名的确良。其特点是：易洗快干、挺括美观、缩水率小。棉布的缩水率一般是 $2\%\sim4\%$，而涤纶却只有 0.5%。涤纶的强度比棉花高 1 倍，比羊毛高 3 倍。一件涤纶做的衬衣可以顶 3 件棉衬衣使用。涤纶还可与其他棉、麻纤维等混纺制成府绸、卡其、华达呢等衣料。

锦纶

涤纶

腈纶的学名叫聚丙烯腈纤维，俗称"人造羊毛"。其特点是：蓬松卷曲、柔软保暖、富有弹性、耐日晒雨淋。腈纶的手感性近似毛织品，色泽

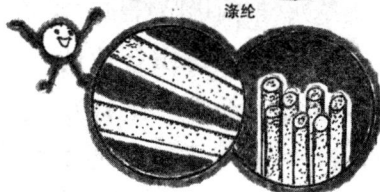

腈纶

鲜艳。用腈纶制成的地毯，其强度比天然羊毛地毯高出 2.5 倍。采用腈纶与其他纤维混纺可制作华达呢、凡立丁、派力司等衣料。不过，腈纶的缺点是吸水性不好，耐磨性也较差。

粘胶纤维的生产

人造纤维是由天然高分子化合物为原料制得的化学纤维的统称。它分为：①纤维素纤维（如粘胶纤维）；②蛋白质纤维；③硅酸盐纤维（如玻璃纤维）；④其他纤维（如海藻纤维）等。

粘胶纤维是人造纤维中一个重要的品种，又称人造丝、人造棉。它是 1905 年在英国首先投入工业化生产的。

其生产过程大体上划分为 12 道工序：

粘胶纤维的起始原料是浆粕（或纸浆板）。浆粕是用木材（或其他天然植物纤维）经过切片、蒸煮、漂白后，在抄浆机上完成的。这种洁白的浆粕中含有 α—纤维素高达 92% 以上。

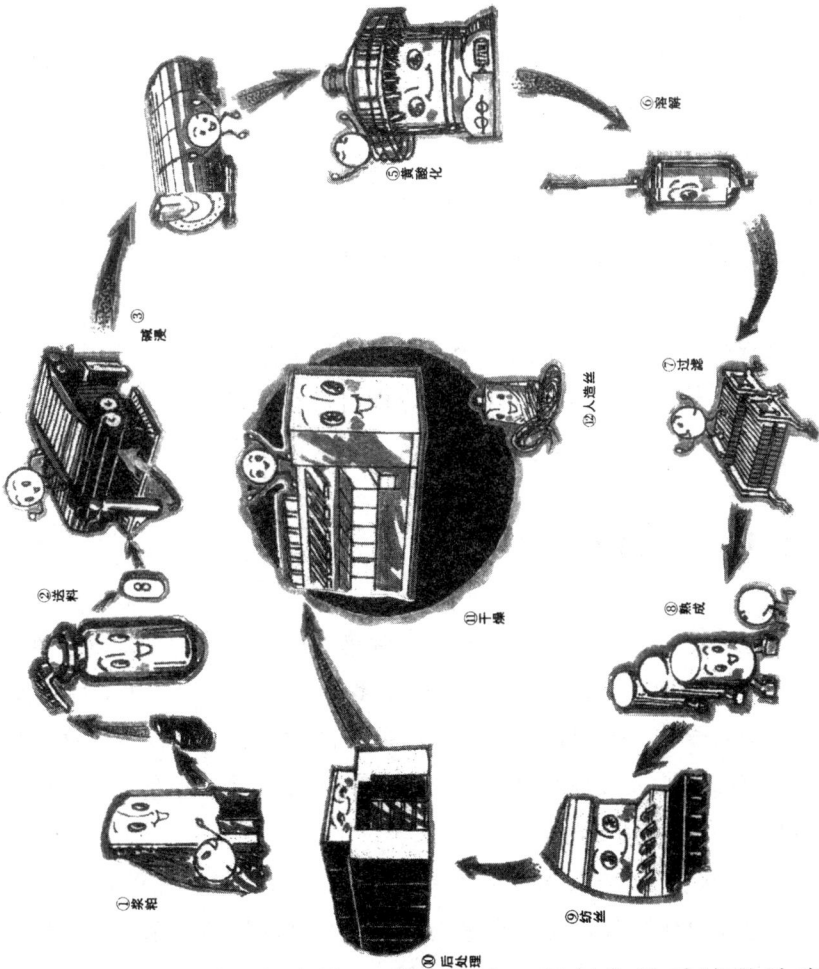

⑤黄酸化

⑥溶解

⑤老化

⑦过滤

⑫人造丝

⑧熟成

⑧⑨压碎

⑪干燥

⑩拆丝

②拆碎

①浆粕

⑨脱泡

浆粕由送料器一张张放入碱液槽内。氢氧化钠碱液的浓度为17.5％，浆粕被碱泡后其中的非纤维素物质慢慢溶解。碱浸时间为2～3个小时。然后把含碱液的浆粕挤干，撕碎，送入老化槽内再停留一段时间，便得到了碱纤维素。

在黄酸化罐中使碱纤维素与加入的二硫化碳发生化学反应，生成了纤维素黄酸酯。将所得到的纤维素黄酸酯溶解于4％左右的氢氧化钠中，便获得又粘又稠的像浓桔子汁一样橙黄色粘液（又称粘胶）。把粘液经过过滤、脱泡和熟成处理，再用计量泵把清洁的粘液直接送入白金喷头进行纺丝。

白金喷头上有许多好似针尖那般的小孔。当粘液被压入小孔而流出，便落进由硫酸和硫酸盐组合的凝固槽中。此时，硫酸促使纤维素黄酸酯发生分解，重新又变为纤维素，在凝固槽内形成一根根的再生纤维素长丝。

纺丝完成后，必须利用亚硫酸钠把残存在长丝上的硫酸脱去；同时为了增加纤维素长丝的强度要进行纵向拉伸；还要用大量的清水冲洗长丝，以减小其酸性。以上这三个工序统称后处理。

当确认长丝的质量得到保证时，即可进行长丝干燥，络筒，把粘胶纤维变为一个个的纱筒，这就是人造丝，送往纺织厂供纺纱用。

合成纤维的生产

合成纤维是以人工合成的线性聚合物为原料的化学纤维的统称。合成纤维的品种很多，比较重要的有 40 多个，例如锦纶 6（又称尼龙 6）就是其中的一种。它是由含有 6 个碳原子的化合物——己内酰胺为单体聚合而成的，所以又称为聚酰胺 6，国外商品名叫卡普隆。现在以锦纶 6 为例，介绍其制造过程。

己内酰胺单体是以苯（或甲苯、苯酚）为原料，在催化剂的存在下，经过加氢生成环己醇，再进而发生一系列的转位作用，最后便生成了己内酰胺。其化学式是：$HN(CH_2)_5CO$，在常温常压下呈白色的片状晶体，手摸有滑润感，易溶于水，熔点为 68℃～70℃。

先把单体（己内酰胺）与引发剂、稳定剂等按一定比例计量，投入熔融罐中，加热使其熔化，用泵将流体送进过滤器除去未完全熔化的颗粒；再进入高位槽流到计量泵，按时定量地把流体送入聚合管内。此时管内的温度达到 260℃，单体受热产生变化，就像伸出双手彼此相握一般，连接成为像一条长长的链条的高分子化合物——（被称为）聚己内酰胺或聚酰胺 6，也就是锦纶 6 熔体。

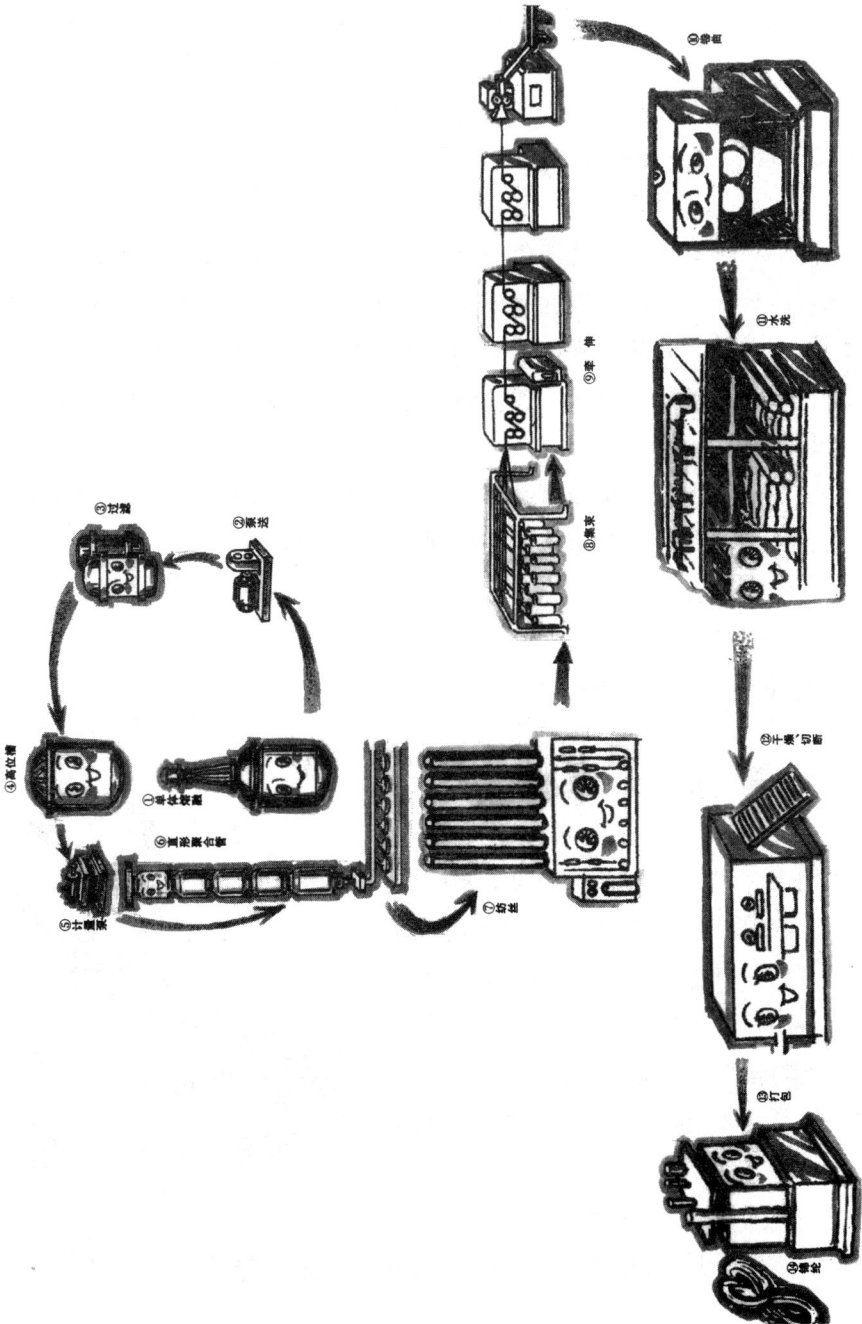

聚己内酰胺从聚合管下部流出，经过喷丝板进行纺丝，细丝在冷水槽内凝固。然后，把细丝一束束地集合起来（叫做集束），按一定的方向进行牵伸理顺，使长链分子沿纤维轴方向排列整齐，这样就增加了分子间的堆砌密度，使它们分子间"团结"得更紧密了，再行卷曲，从而大大地提高了纤维强度。

随后，再利用热水洗涤丝束上的残余单体，同时又可起到热定型的作用，以确保纤维的物理性能稳定。在水洗完毕后还要进行上油，以改善纤维的手感，并使纤维在纺织加工中不易产生静电效应。上油后的纤维在干燥机内进行热风吹干、切断。最后在打包机上打包，即可送去纺织厂供加工之用。

锦纶 6 纤维有长丝和短纤维两类。长丝可制作轮胎帘子线、渔网、绳索、传送带、帐篷布等。短纤维则用于制作网袋、牙刷、衣刷、尼龙绳等。

五花八门的家族——塑料

塑料是可塑性材料的简称。它与钢铁、水泥、木材合称为四大工业材料。凡利用天然树脂或合成树脂为主要原料，加工制成保持形状不变的材料或物品的生产部门及体系，属于塑料工业。塑料的原料是各种有机树脂。

塑料按照树脂的性质可划分为两大类：一是热塑性塑料，它随温度升高而变软，冷却后变得坚硬。其特点是易于加工，但耐热性、刚性较差。二是热固性塑料，是经过受热、固化后而成不溶

或难溶的坚硬件，耐热性高但机械强度小。

塑料按照应用范围可划分为三类：第一类是通用塑料，包括聚丙烯、聚乙烯、聚氯乙烯、酚醛塑料等。它们的产量大、用途多、价格低。第二类是工程塑料，包括聚酰胺塑料、聚碳酸酯塑料、聚砜塑料等。这类塑料的机械强度好，能代替有色金属材料，但成本较高。第三类是特种塑料，又称耐高温塑料，包括氟塑料、有机硅塑料、聚氨酯塑料等，它们的产量小、价格贵。

塑料具有以下独特的性能：①质轻，其相对密度（旧称比重）比较小，如聚乙烯为 0.92、聚丙烯为 0.91 比水还要轻，即使是最重的聚四氟乙烯为 2.2 也比金属铝（2.7）还要轻。②绝缘性能好，是电子工业不可缺少的材料。③耐腐蚀性好，遇水、酸、碱、溶剂、汽油、蒸汽等大都不起化学变化，抗化学性较高。④易成型加工，使用简单的车、刨、铣床等工具，即可对它进行处理，而其摩擦系数低、润滑性好，能消声、抗震等。不足之处是耐热性差、易老化、易变形等。

据统计，已经工业化生产的塑料有 300 多种，常用的有 60 余种。塑料在日常生活、电子元件、军事等方面应用广泛。许多食品袋、塑料奶瓶、塑料水壶等是用聚乙烯塑料制成的。聚乙烯是最常用的塑料之一，它又分为高压聚乙烯、中压聚乙烯和低压聚乙烯。

高压聚乙烯的生产过程是：

（1）单体压缩　气柜中的乙烯气，经过两级压缩机，第一级压缩至 25～

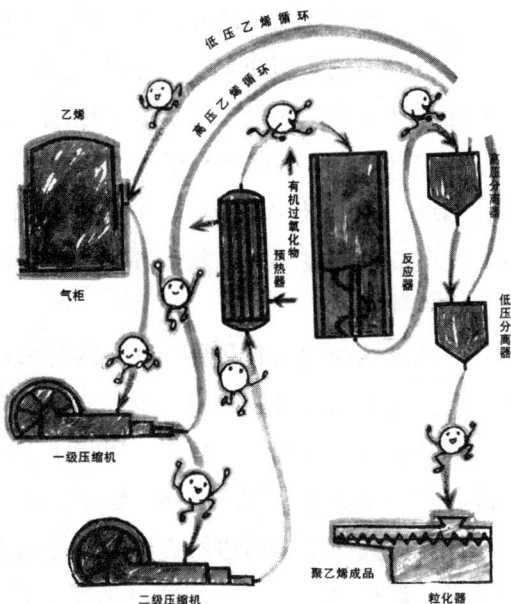

低压乙烯循环

高压乙烯循环

乙烯

气柜

一级压缩机

二级压缩机

有机过氧化物

预热器

反应器

高压产品分离器

低压分离器

聚乙烯成品

粒化器

30MPa，第二级压缩到 $100\sim150$MPa。

（2）乙烯聚合　将经压缩的乙烯通过预热后进入反应器内，连续加入催化剂（氧或过氧化物），在 $180℃\sim220℃$ 下，生成的聚乙烯呈熔融态从底部流出。

（3）净化分离　未起反应的乙烯与聚乙烯在高压分离器中分开；乙烯再进入一级或二级压缩机，熔融态的聚乙烯再进入低压分离器进一步分离，乙烯再回到气柜或一级压缩机，循环使用。

（4）造粒完成低压分离器内熔融态的聚乙烯根据不同的用途，向其中加入防老化剂等其他助剂，在粒化器内挤出完成，便得到成品。

有机玻璃的制法

在塑料品种中最重要的代表之一是有机玻璃，这是一种十分透明而又非常结实的材料。它的化学名称叫聚甲基丙烯酸甲酯（简称 PM-MA）。有机玻璃虽然取名"玻璃"，实际上是一种塑料，属于高分子化合物，而普通玻璃属于硅酸盐类，两者不可混淆。

有机玻璃具有以下特点：透明度高，透光率达 92%；重量轻，相对密度只有 1.18，同一尺寸规格的重量只有普通玻璃的 $1/3$；强度大，抗拉伸和抗冲击力比普通玻璃高 $7\sim18$ 倍；易于加工，能承受切削、钻孔、粘结，不易破碎。所以，它的应用十分广泛，如制作飞机的座舱罩、汽车的挡风玻璃、电视和雷达的屏幕、玩具和灯具的部件、仪表盘、广告牌等。

有机玻璃的制法有几种，常见的是采用模具浇注的聚合法。聚合法的生产过程由两个阶段组成。第一阶段是先用抛光平板硅玻璃板（以下简称玻璃板）做模具。对它依次用清水、稀碱、稀酸、蒸馏水等进行分别洗涤，待板面完全清洁后加以烘干；再以两块玻璃板为一组，中间留有缝隙，在其一组的周边用玻璃纸包好的橡胶管塞紧，垫成所需要的厚度（指玻璃板之间留下的宽度，相当于要制取的有机玻璃的厚度）；用

平板硅玻璃　洗涤

有机玻璃成品　烘干

脱模　平板硅玻璃

降温

引发剂
单体

鼓风

反应釜

增塑剂

聚合　灌模　预聚

螺旋夹夹好，固定下来，为下一步浇注有机玻璃浆液作准备。第二阶段是向反应釜中加入原料、单体（甲基丙烯酸甲酯）和引发剂、增塑剂等进行预聚；将反应釜内的温度上升到80℃，同时不停地搅拌，得到一定粘性的有机玻璃浆液，待冷却到室温，再把浆液过滤，使清液徐徐流入模具间隙内，这叫做灌模（或称浇注）；然后连同模具一起送入烘房，在40℃的条件下鼓风，浆液凝聚而成透明的胶状体；卸去周边的橡胶管，再加温到 100℃～110℃，进行聚合成形；最后降温，脱模，得到光洁透亮的有机玻璃（板材）。

塑料树脂多为颗粒状的半成品，不能直接应用，必须进行成型加工。这不但是制造塑料制品的必要手段，也是改进和提高塑料性能的有效措施。通过加工成型过程中的混炼、拉伸、取向等工序，实现塑料制品的最优化，以满足不同的使用要求。

对于热塑性塑料，可将原料加热熔融，在加压力下使用模具成型，称为"模压"。然后冷却脱模，如制凉鞋、口杯、盆、桶等。

对于热固性塑料，先把粒状原料在塑料注塑机料斗内加热熔融，在高压力下注入模具机内，冷却后即得制品，如半导体收音机外壳、机械零件等。

塑料的加工改性除了向树脂内加入助剂之外，还可用拉伸取向的方法得到性能优良的薄膜。拉伸机即可完成拉伸成膜的任务。

自动式注塑机

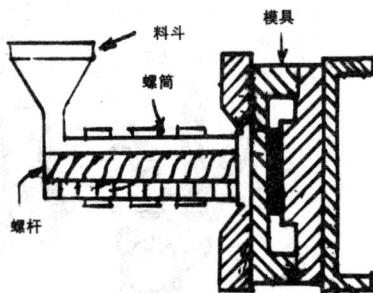
螺杆式注塑机

模压成型图

拉伸取向成膜分为两步进行：第一步是把树脂挤压成薄片；第二步是对薄片进行先纵后横的拉伸。如聚丙烯经过拉伸，其强度可提高 9 倍。

神通广大的弹性材料——橡胶

众所周知，小孩拍打的皮球、文具盒内的橡皮擦、雨鞋、自行车、汽车，以及飞机的轮胎、运动场上的跑道、电缆线等，几乎全是橡胶的制品。橡胶具有优异的弹性、绝缘性、不透气性、耐腐蚀性、抗磨损性，是重要的工业材料。

人们最初认识的是天然橡胶，那是在公元 11 世纪时。当时，墨西哥的印第安人在原始大森林里发现一种高大的树，刀砍之处会流出一滴滴的像牛奶似的树汁来。他们用手去擦拭这种白色的"眼泪"，感到粘乎乎的。把这种树汁晒干后捏成小球，往地上一扔，还能蹦得高高的。这种白色的树汁就是天然橡胶，这种树就是橡胶树。其实，能产橡胶的树在自然界中还有不少，如杜仲、橡胶草等。但是，产胶量多、胶质好的要算巴西、马来西亚和斯里兰卡产的三叶橡胶树了。

天然橡胶是如何采集的呢？

一般说来，橡胶树要求的生长条件是非常苛刻的，它需要年平均气温高达 25℃以上，雨水量充沛，否则生长不好，产胶量也不高。因此，它只适宜在热带或亚热带生长。

在橡胶园里，每到割胶季节，工人们每天清晨用刀子在离地 1 米高的树干上，斜斜地在树皮上割开一个切口，在切口下方绑上一只小胶杯，让胶乳一滴滴地流进去。一直到后半夜杯内流满了，再倒入胶乳桶里，等桶满了才运出园去。

从树上采胶决不是一件简单随意的事。采集胶乳时割开的切口深度和长度都有一定的标准。切口太深，影响树的

割胶

三叶橡胶树

寿命；切口太浅，则没有割破乳管，胶乳就流不出来。切口长度约为树围的 1/3 为宜。流出的胶乳中只含有 30%的橡胶，其余大部分都是水和少量的脂肪、蛋白质等。每年的秋、冬季即停止割胶，让树休养生息。

　　工业上应用天然橡胶的初期，发觉它有许多缺点，比如遇热变软，遇冷变硬，还有一股难闻的臭味，让人大伤脑筋。怎么解决呢？

　　1839年，美国的古德力（1800—1860）从炼钢技术中受到启发。向铁里添加碳、锰等元素就变成了钢，那么向橡胶里加点什么好呢？经过多次试验，一直没有获得成功。有一次，古德力把硫磺加入到受热的橡胶时，发生了剧烈的化学反应，释放出令人窒息的气味。他不得已停止试验，并把发臭的那团橡胶扔进了废料堆。几天后，古德力拾起来一看，这块胶团给了他一个意外的惊喜：不发粘，不发臭，弹性良好。

　　于是，古德力深入地钻研其中的原因。原来是把生橡胶与硫磺混在一起后，硫磺起到一个媒介作用，把一条条的橡胶分子连接在一起，从而变成一种网状的高分子化合物，于是便有了优良的性能。后来，这项加硫的工作便称为橡胶的硫化技术，从而大大地改善了天然橡胶制品的性质，为橡胶工业的发展开辟了广阔的天地。不过，天然橡胶受到各种条件的影响，产量有限。

合成橡胶的生产

天然橡胶的产量有限，人们希望再多生产一些类似橡胶的人造物质，于是便着手研究橡胶是何种化合物。经过多次的试验，发现把橡胶放在密闭的容器内加高温分解后，得到约 90％以上的碳氢化合物。分析结果表明，它的化学名称叫做异戊二烯 $CH_2=CHC（CH_3）=CH_2$。

由此得知，天然橡胶是由 3000 到 5000 个异戊二烯分子一个接一个地联结起来的高分子组成的。橡胶的分子，又细又长，其长度为直径的 50000 多倍，好比是一根直径只有 1 毫米、长度却有 50 米的细钢丝，是决不可能保持笔直形状的，在正常状态下一定卷曲成团。这个丝团又像一个弹簧，形成了橡胶的弹性。但是，橡胶的分子彼此之间缺乏联系，古德力的贡献就是把硫磺当作交联剂，使橡胶分子团结起来，这样就形成了一堵墙，具有更大的承受力和强度。

既然天然橡胶的分子是异戊二烯，那么这种化合物也可以从石油、煤和石灰石、酒精等加工得到，因此就有可能通过不同的渠道制取人造橡胶。在工业上把人造橡胶称为合成橡胶。

合成橡胶的品种很多，有丁苯橡胶、异戊橡胶、氯丁橡胶、丁基橡胶等。它们的性能有的还优于天然橡胶。

合成橡胶的制法有几种：

一种方法是以石油为原料，经过裂解把碳氢化合物变为丁烷，丁烷氢化而成丁烯，丁烯氢解成丁二烯。

另一种方法是以煤和石灰石为原料，煤经过焦化生成了乙烯；石灰石在高温电炉内加热，得到碳化钙（即电石），加水后便形成了乙炔。乙炔与乙烯和盐酸作用便得到了氯丁二烯；

还有一种方法是以农林产品为原料，经过酸水解变为葡萄糖，葡萄糖发酵而成酒精（乙醇）。乙醇再脱氢、脱水后便得到了丁二烯。

不论是丁二烯，还是氯丁二烯，通过在反应釜内发生的聚合作用，即可生成聚异戊二烯的产物。再经过洗胶、脱水、挤压干燥、成型，便真正得到合成橡胶了。

怎样制造轮胎

各种车辆使用的轮胎是重要的橡胶制品。据统计，全世界有一半数量的橡胶用来生产轮胎，其总量达到约 7 亿套（4 个轮子为 1 套）。自

外胎

混炼机

帘布挂胶机

塑炼机

裁断

贴合

硫化机

定型机

切胶机

钢丝圈制造机

成型机

生胶包

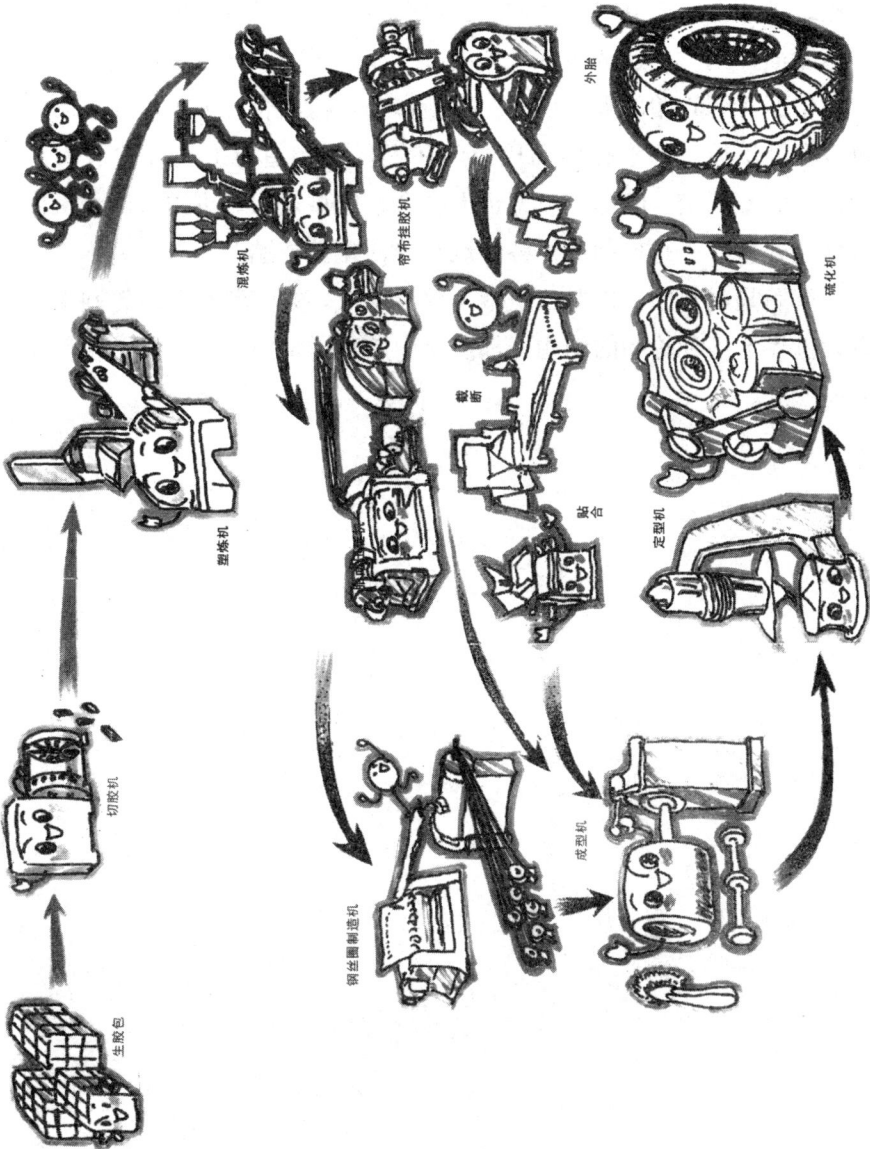

1845年英国人汤姆森提出充气轮胎专利以来，轮胎经历了很大的变化，但是基本结构仍然是由外胎、帘布和钢丝圈等三部分组成。其制法如下：先把生胶包进行切碎，放入塑炼机内进行软化。再进入混炼机加入一些助剂等经过充分混和、加热，使胶料具有流动性。随后送入压延机制造胎面。同时，还从混炼机分出部分胶料至帘布挂胶机，进行帘布挂胶。根据所制轮胎的大小尺寸，截断帘布，再贴合。为了加固外胎，也可以在混炼后，即进行胎面压纹，在钢丝圈制造机上向外胎嵌入钢丝圈，使胎型固定，随即在成型机上会合、定型之后，再送入硫化机内进行硫化处理。于是便制成供各种汽车等使用的外胎。

轮胎是由外胎、内胎、垫带三部分组成，并安装在金属轮网上。现在，世界上各种轮胎的结构，都向无内胎、子午线、扁平形、轻量化的方向发展。

五、多彩多姿的轻工化工

文化传播的使者——纸

　　纸，是我国古代的"四大发明"之一。这种轻便的材料，包括日常生活、文化、科技等诸多方面使用的卫生纸、新闻纸、书写纸、包装纸、钞票纸、特种纸等。我们几乎每天都离不开它。

　　造纸的原料主要分为植物纤维和非植物纤维两大类。植物纤维又分为木材类和非木材类。木材类包含针叶木（如白松、红松、马尾松等），又称软木；还有阔叶木（如白杨、桦木、桉树等），又称硬木；非木材类包含有竹子（毛竹、慈竹、楠竹）、禾草（麦草、芦苇、甘蔗渣）、韧皮（亚麻、黄麻、树皮）、种毛（棉花、棉短绒）等。非植物纤维又分为有机合成物类和矿物材料类。有机合成物类包含聚烯烃等合成纤维；矿物材料类包含云母纤维、石棉纤维、金属纤维等，它们的用量很少，占总用量的2%左右。

以纤维为原料，制造纸浆、纸张和纸板等的部门及体系，属于造纸工业。它在中国属于轻工业系统，在世界上其他国家分别列入森林工业、化学工业和基本材料工业。因此，在纸的行业管理和统计渠道方面，中外的差别比较大。

据了解，现在全世界有 12000 多种纸。它们是怎样造出来的呢？一般说来，纸张又分为手工纸和机制纸。前者是用传统方法来抄造；后者是用机械方法来生产。

在我国早期，纸是由人工以两手捞竹帘造出，被称为手工纸。例如竹纸：首先是伐竹（备料），截断后浸泡于水塘，若干天后取出竹料，放入"楻桶"（楻桶是大铁锅上倒放着的无底木桶）内，加石灰汁蒸煮。竹料经蒸熟后洗浆，再进行捣浆（打浆）使纤维"帚化"。竹浆被打成泥状，倒入抄纸槽中，用竹帘捞纸。竹帘是用刮磨得很精细的竹丝编织而成的。竹浆在竹帘

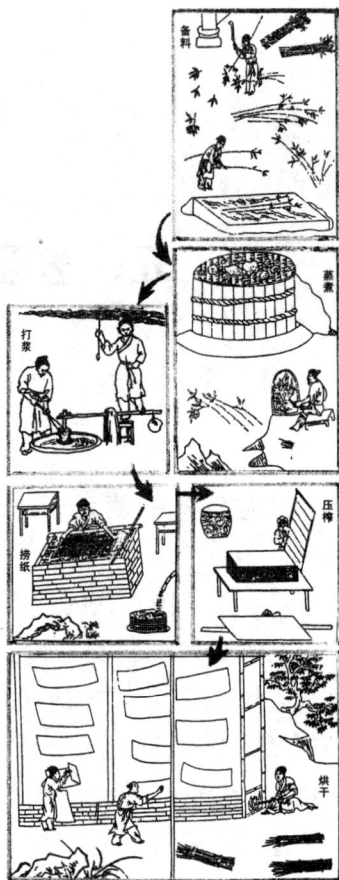

手工抄纸流程图

上形成湿纸页，多余的水回流到抄纸槽里。然后把竹帘反扣到木板上，如此重复操作得纸数百张，加压板一块，像榨油那样把纸胎水分挤干。用小铜镊子把纸页逐张揭开，贴在烘墙上干燥，揭下来即为成品。

目前，在我国安徽、四川、广东、福建等地还有少量手工纸在抄造。比较重要的纸种有宣纸、书画纸、连史纸、毛边纸、毛泰纸等。但是，手工纸的产量极少，还不到我国产纸总量的 1％。1998 年我国产纸（机制纸）总量为 2800 多万吨，纸的品种为 600 多种。

木材

削片机

备料

木片

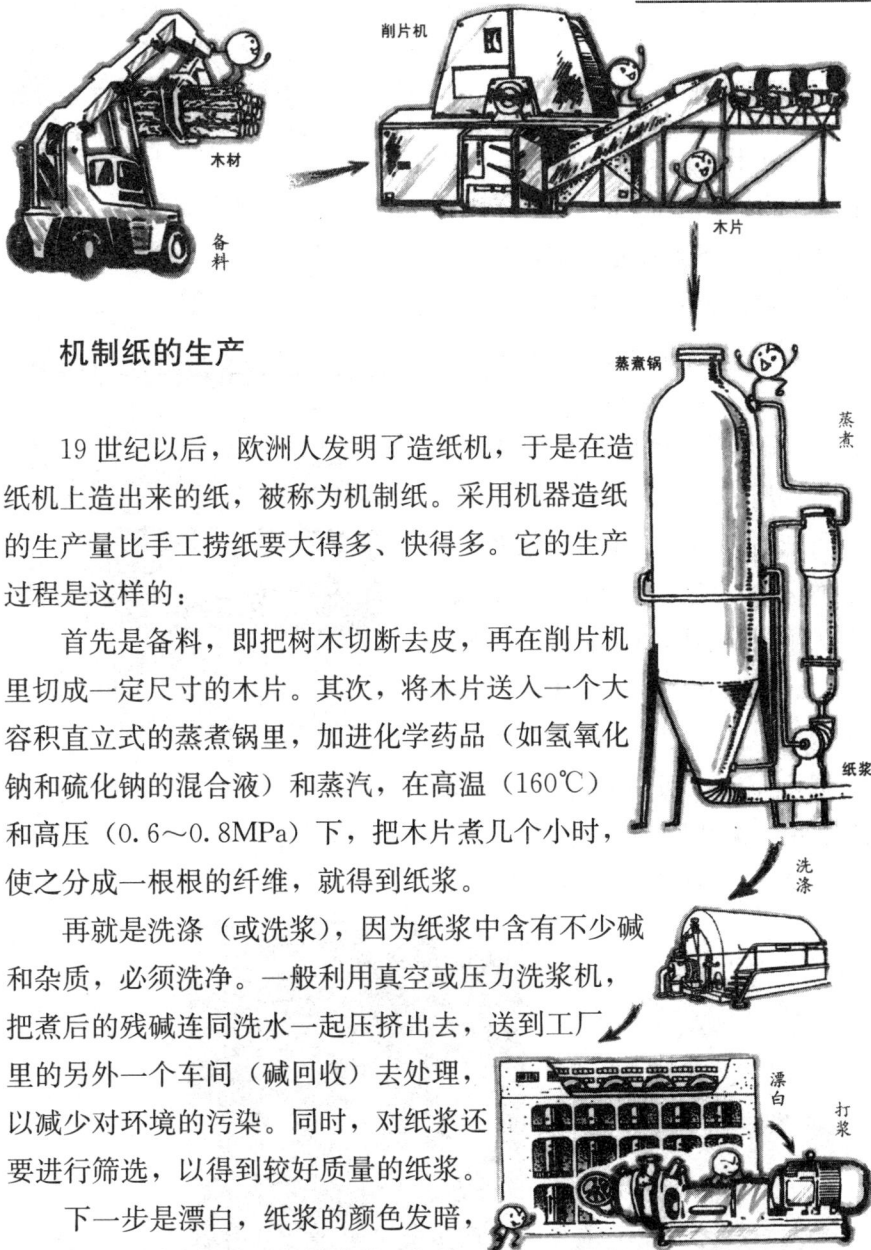

机制纸的生产

19 世纪以后，欧洲人发明了造纸机，于是在造纸机上造出来的纸，被称为机制纸。采用机器造纸的生产量比手工捞纸要大得多、快得多。它的生产过程是这样的：

首先是备料，即把树木切断去皮，再在削片机里切成一定尺寸的木片。其次，将木片送入一个大容积直立式的蒸煮锅里，加进化学药品（如氢氧化钠和硫化钠的混合液）和蒸汽，在高温（160℃）和高压（0.6~0.8MPa）下，把木片煮几个小时，使之分成一根根的纤维，就得到纸浆。

再就是洗涤（或洗浆），因为纸浆中含有不少碱和杂质，必须洗净。一般利用真空或压力洗浆机，把煮后的残碱连同洗水一起压挤出去，送到工厂里的另外一个车间（碱回收）去处理，以减少对环境的污染。同时，对纸浆还要进行筛选，以得到较好质量的纸浆。

下一步是漂白，纸浆的颜色发暗，经过使用漂白剂，把纤维漂到一定的白度，以利造纸。

蒸煮锅

蒸煮

纸浆

洗涤

漂白

打浆

接着是打浆，纸浆经过洗涤、漂白等工序还不具备造纸的条件，必须要进行"打浆"。打浆是使纤维发生"帚化"，利于彼此交织，形成平展均匀的薄纸页。

长网造纸机外形图

最后是抄纸，即把上述浆料送上造纸机，经过网部、压榨部、干燥部等，从机尾出来的就是一卷卷纸张了。现代造纸机的速度已经达到约2000米/分，其宽度最大为10米。

纸卷经过分切、整理、包装后入库，再依用户的订货量，以铁路、公路、海运的方式运出，供市场销售。

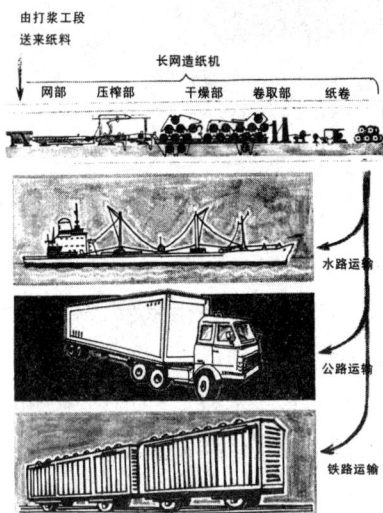

抄纸

为了便于不同的印刷机和包装机使用，成品纸通常分为卷筒纸和平板纸两种。从造纸机上卸下的是卷筒纸；把卷筒纸分切成一定尺寸的纸，比如长度×宽度是1194毫米×889毫米或1092毫米×787毫米，则叫做平板纸。卷筒纸供轮转印刷机使用，平板纸供平板印刷机使用。

平板纸

筒纸

1997年全球的纸的总产量为2.99亿吨。世界人口年均耗纸量为55千克，我国的人均耗纸量只有26千克，与发达国家的人均耗纸量300千克以上相比，差距较大。

甜蜜的事业——制糖

糖是我们生活中的必需品，它又是表示获得甜蜜和幸福的象征物。吃糖，可以补充人体内的热量、维持体力、消除疲劳和饥饿感。目前，全世界的食糖年产量约为1亿吨，其中甘蔗糖占60%，甜菜糖占40%。

糖按化学结构可分为：单糖，如葡萄糖、果糖；二糖，如蔗糖、麦芽糖；三糖，如棉实糖；多糖，如淀粉、纤维素。它们都属于碳水化合物。

糖按品种划分有：白糖，如绵白糖、白砂糖；红糖，如黄糖、红粉糖；冰糖等。它们只是在外形上彼此不同。

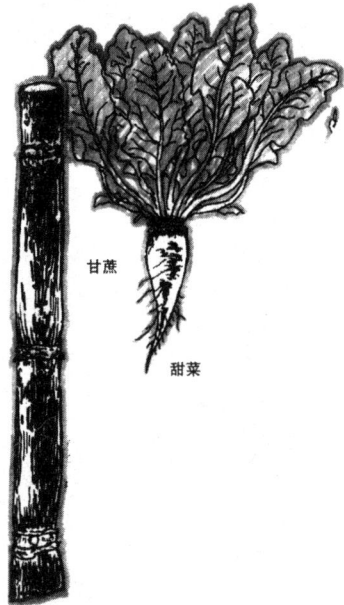

甘蔗

甜菜

制糖的原料主要是甘蔗和甜菜，甘蔗每公顷产量45～75吨，含糖量为11%～17%；甜菜每公顷产量15～65吨，含糖量为13%～18%；此外，还有少量的糖高粱、糖枫、椰棕等。甘蔗必须随砍、随运、随榨。现以甘蔗制糖为例，说明食糖的一般制造过程：

吊运甘蔗

① 压汁

压辊机

② 提净

③ 蒸发

蒸发罐

煮糖罐

④ 结晶

⑤ 分蜜

⑥ 干燥

白糖

离心机

食粮生产流程示意图

（1）压汁　把从蔗田运来的甘蔗，送入压榨机，一排排的辊齿好像口腔里的牙齿不停地嚼动，使蔗汁不断地流出。大型压榨机每天的吞吐量达几千吨。我国最大的甘蔗糖厂已超过 6 千吨原料/日。

（2）提净　由于蔗汁中混夹着许多杂质——如果胶、半纤维素、淀粉、色素、有机酸、无机盐等，因此，必须采取各种有效办法，例如加热凝聚、二氧化硫除色、离子交换等，把蔗汁提纯，变成干净的糖液。

（3）蒸发　糖液中含有较多的水分。为了把蔗糖从糖液里集中浓缩起来，只好借助蒸发罐，通过加热使水分气化而逸去，蔗糖分子逐渐集中。这样浓缩后的糖汁称为糖浆。

（4）结晶　从蒸发罐中流出的金黄色糖浆，再经过二氧化硫气处理，使其受到漂白作用，再行过滤，除去残渣。然后把糖浆送入煮糖罐。煮糖罐的形状与蒸发罐相似，只是单独、间歇地作业。在煮糖过程中，蔗糖分子形成晶核，并逐渐扩大生长为糖晶，生成亮晶晶的大小不一的颗粒（晶体）。

（5）分蜜　在煮糖罐内，随着时间的推移，糖浆脱水后煮成高浓度的糖膏。糖膏是由蔗糖晶体和糖蜜组成的。糖蜜的粘度很大，为便于把蔗糖晶体分离出来，可将糖膏送入分蜜离心机，以 1000 米/分的线速度，把糖蜜甩去，留下的蔗糖晶体可进入下一道工序。

糖厂全景

（6）干燥　为了得到干性的蔗糖，在干燥机内前段通入热风，使蔗糖晶体表面的湿气逸出；在后段吹入冷风，又使蔗糖晶体一颗颗地分开，再经过震动槽带，于是，蔗糖晶体（俗称白糖）就可以装袋入库了。

怎样做糖块

一说到糖，最熟知的莫过于糖块了。糖块又叫糖果，有硬、软、半软之分，五彩缤纷，香甜扑鼻，男女老幼皆乐于食用。

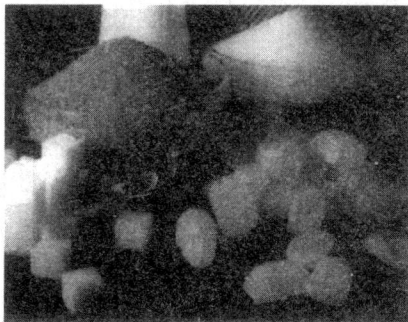

请到食品厂，看看它们是如何做出来的。

先把砂糖、葡萄糖、饴糖和配料等按一定比例，连同适量的水，在溶解槽内混合，然后送入带有夹层通汽的加热锅内，通入蒸汽的同时启动锅内的搅拌器，使原料充分融合而成为糖浆。打开锅底的阀门，由输送泵将糖浆送进过滤筛，除去杂质，进入贮存锅内保温。

其后，再把糖浆送入蒸发器。器内温度高达120℃左右，使糖浆内的水分不断地蒸发掉，变成厚稠的浓糖浆。接着，把浓糖浆送入搅拌机内，再加入适量的食用明胶，开动搅拌机转动约几十分钟（视糖块品种而异），使糖浆由浅黄色变成白色时，再加进奶油、奶粉、精油、香精等辅料，继续搅拌一段时间，即成为香甜的糖膏。由于在搅拌过程中让空气充入糖膏内，使糖体膨松，口感软化，富有弹性。再把糖膏送到冷却水流箱上进行冷却，当冷却台板上的温度降到50℃～52℃时，有利于糖条成型，便通过压辊挤出圆柱形糖条，送上搓条机后切割成糖粒。由传送带把糖粒逐粒送上硬糖成型机，经过花花绿绿的包装纸依次包装，称量。最后，以塑料袋、硬纸盒或马口铁盒作为外包装，封口入库或出厂。糖块就是这样被生产出来了。食品厂采用生产流水线来做糖块，每分钟可成形450～500粒，比手工包糖块要快得多。

生产出来的糖块甜的程度如何，以什么为标准来判断呢？

在工业上规定以蔗糖（从甘蔗汁中提取出的糖）的甜味作为基准，把蔗糖的甜度视为1。那么，口感淡一点的葡萄糖和麦芽糖的甜度分别为0.74和0.32。而甜味较浓厚的转化糖和果糖的甜度则为1.2和1.75。这样就能够比

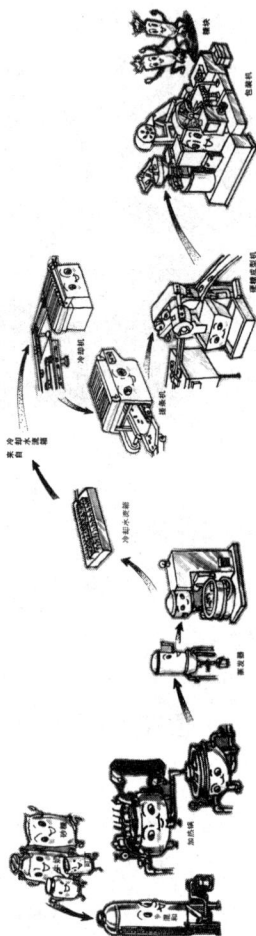

麦芽糖	葡萄糖	(标准)蔗糖	转化糖	果糖
0.32	0.74	1.0	1.2	1.75

糖的甜度标准图

较各种糖的甜味的程度了。

糖精（化学名称叫邻磺酰苯甲酰亚胺）的甜度约为420（即比蔗糖甜400多倍）。但糖精放多了，即感到有"苦"味了。糖精不是糖，这种化合物无营养价值，吃多了对身体没有好处，不易代谢或排出。所以，除了代替食糖供糖尿病患者食用之外，在糕点、饮料和酒类中均不宜使用糖精。许多食品的包装上也标出不含糖精的说明，让消费者放心。现在有些国家政府已下令禁用糖精。

天赐的"灵丹"——盐

盐是人们生活的必需品，也是化学工业的基本原料。生产原盐、加工盐及综合利用盐卤资源的生产部门及体系，属于制盐工业。

食盐的化学名称是氯化钠（NaCl）。纯净的食盐是无色的晶体，含有杂质的盐是暗灰色。人若不吃盐就会感到浑身没有力气。成人每人每天的食盐摄入量平均为10克左右，老人和小孩酌减。

盐有海盐、岩盐、湖盐和井盐等。海水中含盐量为3.5%，其中氯化钠占2.7%，其他是氯化镁、氯化钾等成分。海水很咸、很苦，既不能饮用，也不能灌溉。但是，把海水晒干可以得到食盐，所以说海水是制盐的主要原料。在沿海有条件的地方，纳潮收取海水入"盐田"内，利用日晒成盐，便制成了海盐。过去用人工生产，现在以机械作业方式采盐，然后送到运盐车上。我国天津的汉沽盐场、墨西哥的黑勇士盐场、澳大利亚的丹皮尔盐场等都是世界著名的海盐场。

岩盐是地底下氯化钠的固相沉积物，一般在内陆盆地形成岩盐矿床。

湖盐是特殊的地质条件形成的，也有卤水湖和干盐湖，可以从湖中直接取盐或以湖内卤水晒盐，如我国山西省运城盐池、美国犹他州的大盐湖、印度的桑巴尔盐湖等。

井盐是赋存于地下的盐类溶液（卤水），也可制盐。用钻井开采地

海盐

岩盐

湖盐

弧形筛 旋流器 卷扬机 盐浆泵
驱动机构 切盐器 电源电缆
提升机
运盐车
卤水
海盐床

海盐生产示意图

下天然卤水，加热浓缩，可制得盐。

海盐、岩盐、湖盐和井盐等，经过加工后，便成为食用盐。

应当指出有一种与食盐相似的盐类——名叫亚硝酸钠（$NaNO_2$），俗称亚硝酸盐，外形上与食盐差不多。它易溶于水，有致癌性，决不能食用。亚硝酸钠本是锅炉用的清洗剂、汽车水箱的抗冻剂、织物洗染的漂白剂等，被称为工业盐，不是食盐。

亚硝酸钠具有很强的氧化力。如果它被人当食盐吃进肚里，就会通过胃肠进入血液中，起到破坏血红蛋白的恶果，会造成脑组织缺氧，出现呼吸困难；头晕耳鸣；呕吐恶心；口唇、指甲及皮肤青紫；心跳加快等中毒症状。成人一次吃入3克亚硝酸钠者会出现昏迷抽筋现象，甚至有死亡的危险。所以，这种盐绝对不能吃。如遇到有人中毒，应送医院洗胃、导泻，把胃肠里的毒素排出体外，千万不要耽误，以免坏事。亚甲兰和维生素C是治疗亚硝酸钠中毒的特效药。

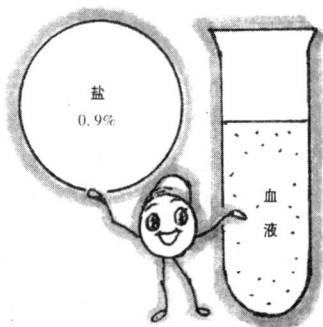

人离不开盐

不能多吃盐

吃盐的学问

过去，在某些边远山区，曾发现呆傻、畸形、矮小的人，还有人得了一种大脖子病。这到底是怎么一回事？

通过科学研究，得知造成这种大脖子病（即甲状腺肿大）、克汀病（聋哑呆傻症）、智力低下等的病因之一，是由于人身体内缺乏一种化学元素——碘。这些病统称为碘缺乏病。由于世界上大部分地区环境内缺乏碘，土壤和水中含碘量也几近于零，导致食物中少碘，相应地人体内也缺碘。因此必须另想办法给人体补碘，最简单易行的办法就是通过每天吃加碘食盐（碘盐）来解决。碘盐中盐与碘之比为万分之一到十万分之一。

1990 年在有 71 个国家参加的世界首脑会议上签定的《儿童生存、保护和发展的宣言》中规定，到 2000 年全球将实现消除碘缺乏病的目标。

食用碘盐防病治病，费用低，易推广，但要特别指出：

（1）要注意安全、有效补碘　满足人体需要，不会带来任何副反应，而且确保有明显防止碘缺乏病的效果。但是，若一次给碘过多，将有头晕、呕吐、流泪等不良的副作用，所以，应掌握好每天的摄入量。

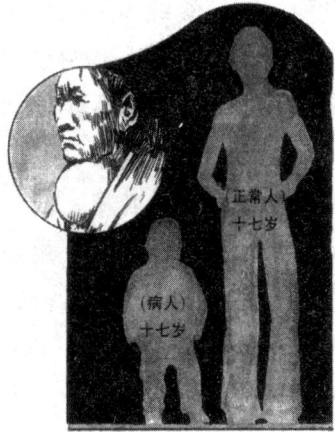

可调式加碘机

（2）要持续、长期食用　一般每人每天需从加有碘盐的菜肴或汤中吃进碘 150～200 微克，缺碘地区的居民每人稍高一点，可达到每天 200～300 微克，长年坚持下去，不要间断。

（3）要会买，会用　购买食盐时，要认清有没有国家统一的加碘盐标志，并注意是否超过了外包装上注明的含碘有效期（一般为出厂后 1～2 年）。碘盐应存放在陶瓷罐或玻璃瓶中，加盖，保持容器密封状态。不要长期用塑料容器保存，尤其是开封之后，容易与外界空气接触，碘易挥发损失。容器要免受高温、日晒、潮湿的影响，宜放在阴凉、干燥之处。

因加碘盐在高温下会分解，不要用碘盐爆锅，否则碘保留率只有60％。炒菜做汤时出锅前放入碘盐，立即上盘，碘保留率约达90％。吃凉拌菜，碘保留率为100％。另外，碘遇酸会被破坏，做菜时应避免加醋和与酸味菜（如酸菜鱼、酸菜粉条）混在一起。无

我国公布的加碘盐标志

醋的菜中碘保留率为80％；加醋后，降为50％。炒菜用植物油碘保留率达80％，而用动物油碘保留率只有40％。除了吃碘盐外，可经常食用富含碘的海产品，例如海带、紫菜、石花菜、海藻、海鱼等，也可取得明显的补碘效果。

以食盐为载体，可以制作许多特种盐，加碘盐只是其中之一，此外还有低钠（供防治心血管病患者用）、加铁补血盐（供贫血病人用）、加氟防龋盐、调味盐（如大虾盐、咖喱盐）等。这些盐均可直接食用。盐还可用来腌制鱼、肉、蔬菜。

除了人吃盐之外，牲口适当地吃点盐，也能增进食欲，加快长膘，还能加强耐寒的能力。例如给马、羊、骡子喂点盐，尤其在冬季，是有益的。国外生产专用的畜牧盐，制成盐砖供牲口舔食，或像狗食、猫食般制成袋装。

维持生命的"燃料"——食品

商店出售的经过一定加工制作的食物，称为食品。衡量食品的质量除了色、香、味的要求之外，还有营养成分、保质期限等一系列的问题，均不可大意。

生产供社会上居民消费的、经过加工制成的食物，并满足卫生、操作、质量等诸方面要求的生产部门及体系，属于食品工业。

食品可以分为：

（1）植物性食品　包括有用粮食加工的，如面包、饼干等；用豆类加工的，如豆腐、豆腐乳等；用蔬菜加工的，如干菜、速冻菜等；用水果加工的，如果脯、果冻等。

植物性食品

动物性食品

（2）动物性食品　包括有肉类制品，如火腿、香肠等；水产加工制品，如鱼干、冻虾等；禽蛋加工制品，如松花蛋、咸蛋等；乳类加工制品，如冰淇淋、奶粉等。

（3）发酵性食品　包括有味精、酱油、醋等。

发酵性食品

俗话说，病从口入。吃了不卫生或者超过保质期的食品，往往会生病或对身体产生不利的影响。国家有关部门对每种食品的生产都制订了相应的国家标准、行业标准。任何一种食品都必须在规定的时间内，质量不发生变质的前提下，方可销售、供顾客食用。出厂的合格食品，外包装上必须注明生产日期和保质时间。

中外儿童食趣的差别

　　我国的有关部门在 1997 年 8 月修订了几种常见食品的保质期，规定如下。

　　奶粉：马口铁罐装为 12 个月；玻璃瓶装为 9 个月；500 克塑料袋装为 4 个月。

　　甜炼乳：马口铁罐装为 9 个月；玻璃瓶装为 3 个月。

　　麦乳精：镀锡铁罐装为 12 个月；玻璃瓶装为 9 个月；塑料袋装为 4 个月。

　　饼干：镀锡铁罐装为 3 个月；塑料袋装为 2 个月；散装为 1 个月。

　　糖果：第 1、4 季度生产的为 3 个月；第 2、3 季度生产的为 2

个月。

面包：依不同的品种、品牌，第 1、4 季度生产的为 4～7 天；第 2、3 季度生产为 3～5 天。

罐头：鱼禽类罐头为 24 个月；水果蔬菜罐头为 15 个月；易拉罐、玻璃瓶装果汁、蔬菜汁、饮料等为 6 个月。

汽水：果汁、可乐汽水马口铁罐装为 6 个月；玻璃瓶装为 3 个月。

啤酒：11°～12° 熟啤酒省级优质品以上为 4 个月；普通的为 2 个月；14° 啤酒为 3 个月；0.5° 熟啤酒为 50 天。

酱油和食醋：玻璃瓶装为 6 个月。

怎样做面包

面包原是西方国家人们的主食，现已成为最普遍的食品之一。全世界约有 2/3 以上的人吃过面包。它是以面粉为主要原料，再配入水及酵母、糖、食盐、油脂、香料等制作的。酵母可使面团的体积"瓢松"起来，发酵中生成的醇与产生的酸，在高温烘烤下形成酯，使面包具有酯香味。另外，向面粉中加入少许的糖、食盐、油脂等，可增加面团的吸水能力和强韧劲，并改善面包的色泽和光亮程度。

制作面包的简要过程如下：

将面粉称量后分两次倒入调粉机。第 1 次把按配方（依面包的品种而定）中 30%～70% 的面粉和全部酵母以及适量的水，投入调粉机中进行拌和，使其变成软硬合适的面团。把这次拌好的面团送入发酵槽内进行第一次发酵，为扩大酵母培养，做好第二次发酵的准备工作。第 2 次调制面团是把第一次发好的面团连同剩下的面粉一起投入调粉机中进行拌和，同时加些水和油脂，使面团达到"不粘手"的要求，再送入发酵槽进行第二次发酵。

面团的发酵是通过酵母在生长繁殖过程中来完成的。酵母吸收面团中淀粉（养分）等营养物，产生大量的二氧化碳气体，促成面包松软、

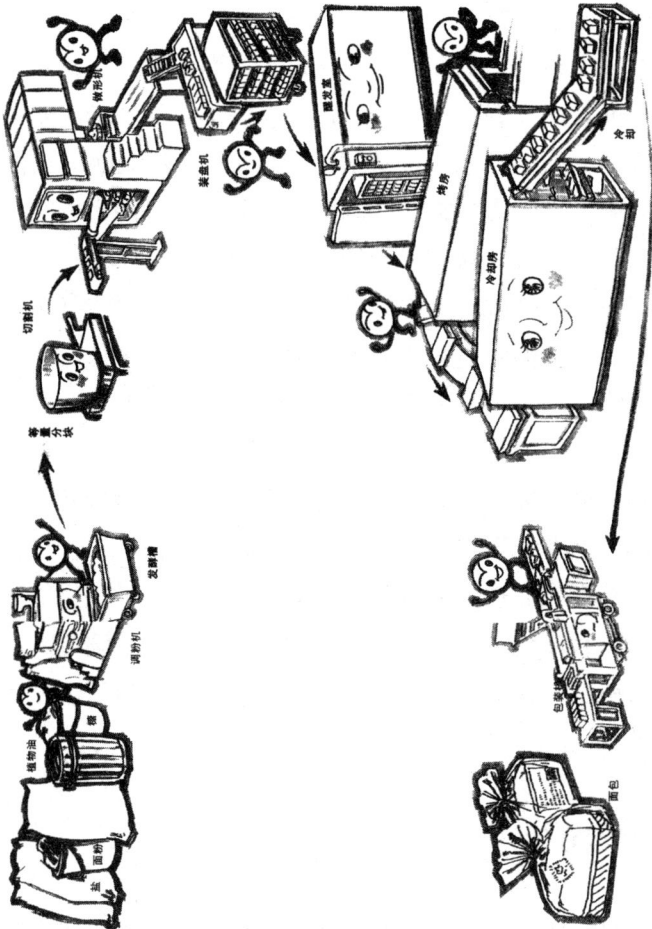

空隙增多。

经过发酵好的面团进入切割机，照成品的重量要求，进行等量分块切成小块；再送进整形机，按要求整形。如制圆形面包，还需先把小块面团送进搓圆机，使之搓成圆形。

把整形后的面团装入特制的面包装盘机内，其大小适宜，并确保烘烤时面团不沾边。面包盘用白铁皮做成，有良好的传热性，且坚固耐用。

随后，面包盘被送入多层空柜式醒发室，该室内装有调节温度、湿度的蒸汽管、喷水管装置。温度、湿度的调控很重要，如果醒发的温度过高，醒发后面包的体积和上部气孔过大，面包内部组织粗糙；如果醒发的温度过低，醒发后的面包体积过小，外形收缩、膨胀不完全；若相对湿度过高，面包表面会凝结水珠，烤后将出现斑点；若相对湿度过低，面包表面则有干裂缺损，外观难看。醒发的时间也要合适，如果过长的话，则面包的酸度将有所增加，口味欠佳。

经过醒发后的面包，应立即进入烤房内烘烤，这也是生产中的关键工序。如果烘烤的温度过高，面包的表面会出现被烤焦、体积收缩、边缘破裂等毛病。如果温度过低，则烤出的面包发硬、皮色暗淡、体积过大。

当面包烘烤完成后，即出炉倒盘，面包与面包盘分开。由于新出炉面包的中心温度有 98℃ 左右，如不冷透就包装，势必造成热量和水分不易散发，凝聚在面包表面或包装纸上，这样会为微生物的滋生、繁殖提供条件，引起面包发霉、变质。因此，需将面包陆续送入冷却室，以吹冷风降低温度，使面包的内部冷透。冷却后的面包就可用包装纸或塑料袋包装了。

冰淇淋的制作

冰淇淋是一种冻结状的乳制甜品，主要成分是乳脂肪和糖等，其中固体物占 36%～40%，其余是水。冰淇淋的原料是：白砂糖、牛奶、鸡蛋清、油脂、香料等。制作时先把原料称重，放入溶解槽（或桶）中分别溶解、过滤后，送入混合器内，充分搅匀，成为混合浆料。随后，再泵入灭菌器，通蒸汽加温到 60℃～85℃，同时搅拌，保温半个小时，以杀灭细菌。

灭菌后的混合浆料再泵入均质机。均质机实际上是一台高压泵，它通过高压使混合浆料中的直径较大的蛋白质和脂肪纷纷变为微小的颗粒，从而使水、蛋白质、脂肪相互吸附，成为具有较高粘性的膏体。

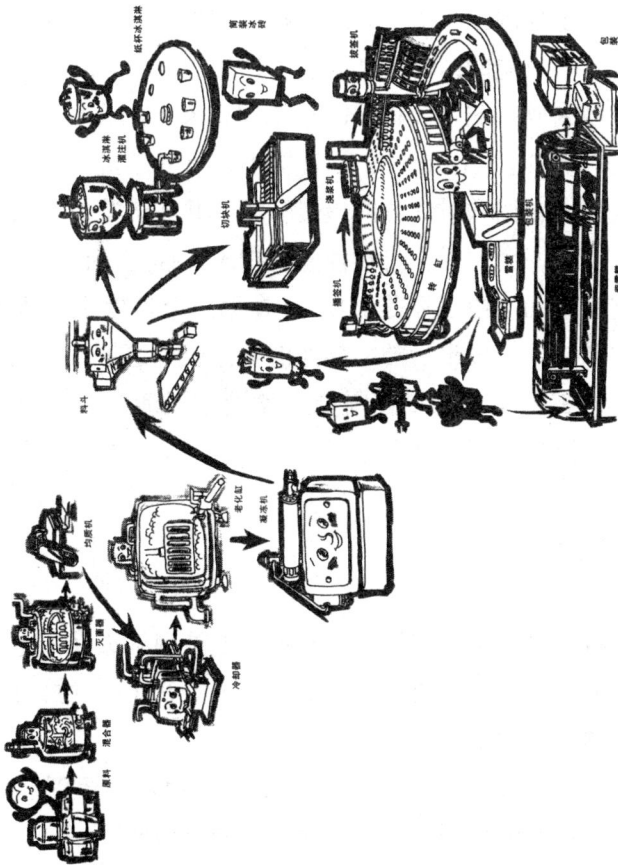

　　把膏体通过管道送往冷却器，待温度下降到 $10℃\sim15℃$，再送入老化缸。温度继续降至 $4℃$，保持 6 个小时以上，使膏料中的水分、蛋白质和脂肪相互结合得更紧，并保持其稳定性（坚硬不塌）。

　　老化后的膏体，送进凝冻机（俗称冷冻冰淇淋机），它是一台卧式的圆筒形冷却器，内层槽有搅拌器不停地转动，外层不断地有冷冻液循环。膏体经搅拌后从左端送入使其体积膨胀，组织疏松。当温度继续下降到 $-3℃$ 时，膏体内水分结冰。从右端压出的是白色粘稠的冰淇淋。

　　从凝冻机出来的冰淇淋，通过料斗上的阀门定量地、间歇地从料口压出。此时，可以生产不同的冰淇淋成品。如果将冰淇淋送入灌注机，然后分次压入纸杯内，封盖，即成纸杯冰淇淋；如果将冰淇淋送入切块机，便制成了一块块的冰砖；如果把4℃左右的冰淇淋送入转缸（冷冻设备）中，可制成雪糕。该转缸的直径有2米多，沿中心轴的面板上分布有1500多个凹模（呈方形），在转缸上端有插签机、浇浆机（注入冰淇淋）和拔签机，按顺时针方向慢慢转动，并在浇浆对准入凹模的瞬间转缸暂停；在另一个位置上自动插签机把木条插进凹模的冰块中（此时外围冰淇淋已凝固，中心还是糊状）；在第三个位置上，拔签机则把已经冻固的雪糕拔出。拔出后的雪糕经滑板流入传送带，再经过包装机便制成一根根的雪糕了。如果在雪糕上喷洒或浸渍一层巧克力"外衣"，便成了脆皮冰淇淋（紫雪糕）了。

罐头的生产

罐头是将食品密封在容器内，经过高温处理杀灭其中绝大部分的微生物而制成的，在室温下能长期（2年左右）贮存食物。它是1809年法国人阿佩尔首先发明的。

18世纪，法国的拿破仑率兵远征欧洲各地，为运到前线的食物生霉、变质，士兵无法食用而发愁。他在1795年悬赏：凡是发明不腐败、不变味、又便于携带的食物储存方法者，赏奖金1万2千法郎。为了获取这笔巨额奖金，许多人都加紧研究。阿佩尔独占鳌头，捷足先登。拿到奖赏后他开办罐头厂，大量生产，从此罐头流向世界各地。在后来的半个世纪里，出现了英国的马口铁锡焊制罐头，俄国的白铁盒肉类罐头，美国的广口玻璃瓶罐头等。

一般把罐头分为三大类：

畜禽肉类罐头，包括牛、羊、猪、鸡、鸭、鱼、虾、贝、兔、鹅等清蒸、红烧、五香、油炸、豉汁口味的，品种多达几千个；

水果类罐头，包括苹果、菠萝、桔子、草莓、白梨等具有糖水、果汁、蜜饯口味的，品种也有几百个；

蔬菜类罐头，包括黄瓜、花椰菜、青豆、竹笋、莲藕、荸荠、蒜头、番茄等清渍、腌渍、调味各种口味的，品种有上百个。

罐头的生产分为两条路线：一条是铁皮制罐；另一条是原料加工。现以制作午餐肉罐头为例来说明。

肉罐头食品的常用包装材料是马口铁（也有少量的玻璃瓶）。一大张马口铁皮经过开料机分切成一块块长方形或椭圆形的罐盖料或罐身料。罐盖料再经冲盖机冲压成一只只罐盖（或罐底，罐盖与罐底形状、大小相同）。然后卷边，由浇胶机在罐盖边缘浇一圈橡胶（用来增加罐头的密封性能）并烘干。罐身料由制罐机加工，经过冲角、折边、合缝和焊锡机焊缝后，而成为筒形罐身。筒形罐身经翻边机，使罐身与罐底焊合，便制成一只只开口罐，备用。

另外，将从外购来的冻猪肉，经过解冻、冲洗、拆骨、去皮后，按一定比例把瘦肉和肥肉分别送入切条机，再将条形肉加少量盐拌和，送入冰库腌制48小时，使瘦肉发色变成鲜红色。

发好色的瘦肉送入斩拌机，同时加入配料：淀粉、胡椒、玉果粉、维生素 C、冰粒等调味品，由斩拌机混合均匀。淀粉是午餐肉的填充料和粘合剂；胡椒和玉果粉主要是使肉具有香味；维生素 C 增

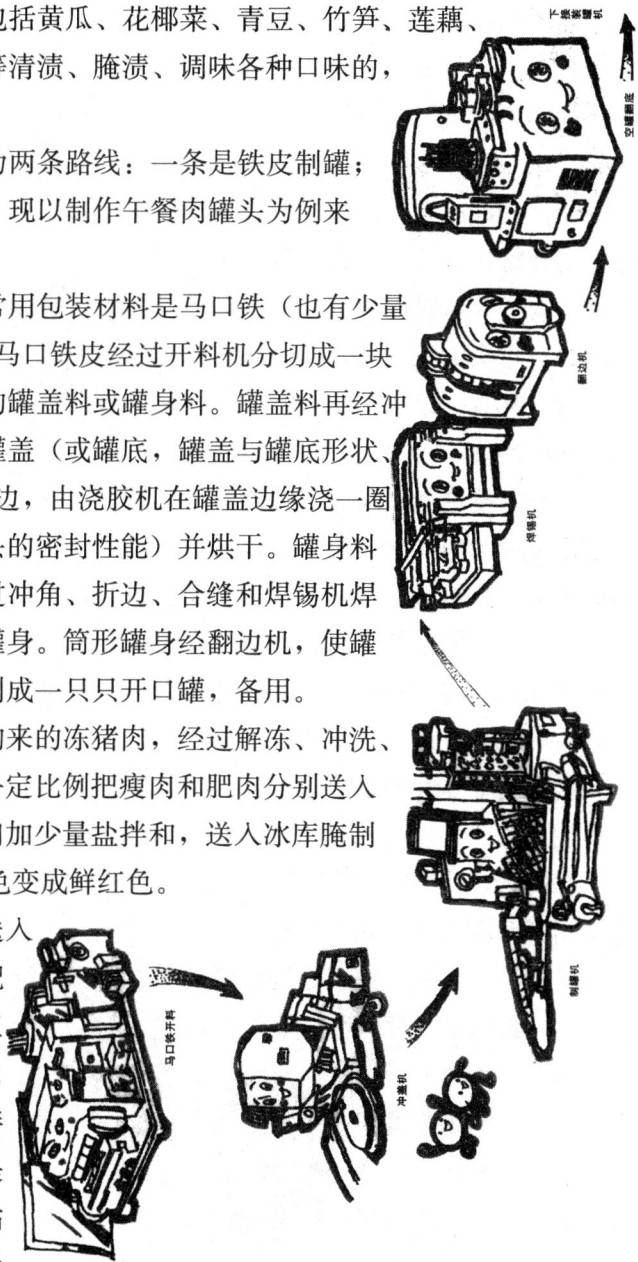

铁皮制罐流程示意图

加色泽；冰粒用以增加水分并降低温度。

　　斩拌完毕的瘦肉和配料，再加进一定比例的肥肉末（肥肉起到滋润口味的作用），投入真空搅拌机，经过充分搅拌变成肉泥。接着，肉泥被送进自动装罐机，其上方有定量料斗，分次把肉泥塞入开口罐。随后，由真空封罐机对罐头加盖、抽真空、焊封口等。从真空封罐机出来的罐头先经热水冲洗，除掉罐头外表的油迹，再进入杀菌器进行高温灭菌、消毒。务使食物中原来沾染的细菌完全被杀灭处理掉。经过加热杀菌后的罐头，再送进保温库内存放5天。库内温度为37℃。在这样的条件下，如果出的罐头没有倒坍或"胖听"的现象，即为合格品，经过拭干，贴上商标纸，装箱，就可出厂销售了。

　　这里需要提及的是罐头的"胖听"现象。如果去商场购买罐头，发现罐头的两端罐面中心部分出现凸出、"鼓肚"，这就叫"胖听"。由此判断该罐头质量肯定出了问题，不能随便食用了。

　　罐头的"胖听"按原因分析可能有以下三种情况：

　　（1）细菌性"胖听"罐头生产过程中杀菌不彻底使罐内藏有微生物，或因焊缝不严漏气，使外部微生物侵入罐内，致使肉类腐烂变质，产生大量二氧化碳气体，引起"胖听"；

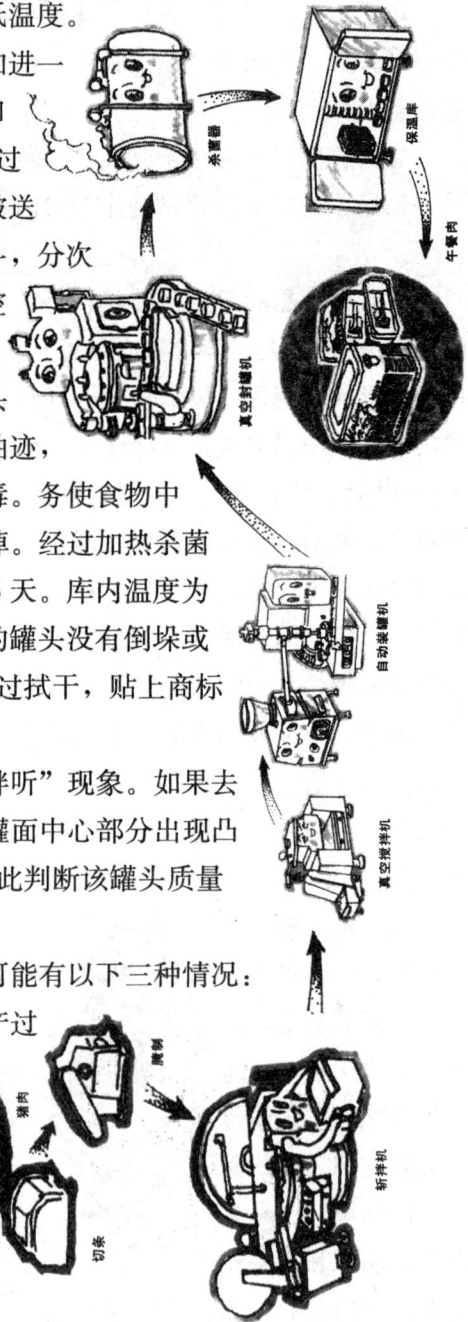

（2）化学性"胖听"罐内食物发生酸变，侵蚀罐壁，使铁、锡、铝等金属与酸反应，产生氢气，致使食物变臭和变色，也会引起"胖听"；

（3）物理性"胖听"装入罐内的食物过量，或罐内水分过多，一经冻结，体积膨胀，则表现为"胖听"。

"胖听"罐头从外观难以分辨原因。为维护顾客健康，我国有关部门规定"胖听"罐头一律不准销售。

罐头制造业在近年有了长足的进步。高速制罐机、高压杀菌釜、封口机等机械设备以及自动生产线投产，包装材料不断更新，从而形成了普通（硬）罐头和软罐头"两方"鼎立的局面。普通罐头指的是：金属罐（如镀锡铁罐、镀铬罐、铝罐——即易拉罐等）和玻璃瓶罐。软罐头就是塑料复合膜蒸煮袋。这种新式的罐头最早出现于20世纪50年代，由美国陆军发展中心研制出来，作为军用品，后来被日本东洋制罐公司获取情报，于1968年抢先在国际市场上抛出。1978年美国农林部门批准把它转为民用，于是软罐头生产就迅速发展起来。

软罐头是采用聚酯、铝箔、聚烯烃三层薄膜，借助胶粘剂复合制成的袋子做容器，然后把内容物加工后装入袋内，再经过封口、杀菌而成为耐贮藏的食品。其特点是比普通罐头重量轻、体积小，而且成本低，便于携带，方便开封等。因此，软罐头市场发展前景未可限量。

软罐头的品种很多，若按内容物划分，除有肉禽、水果、蔬菜类之外，还有主食类、小吃类、调味类，比普通罐头花样更多。软罐头的生产过程、杀菌原理与普通罐头均十分相近，只是在包装形式、填充封口上迥异。软罐头采取电加热密封法和脉冲封口法，通常要控制内容物离袋口相距3～4厘米，同时，封口的温度、压力、时间必须严格掌握好。此外，软罐头一般不能装带骨头、带棱角的内容物，以免刺破包装袋。

热情奔放的"朋友"——酒

俗话说"无酒不成席",宴会上有酒助兴可以增添欢乐气氛。借助祝酒可以表示庆贺、欢乐、祝福和尊重。

通常,把利用植物性原料,经过发酵方法而制得香醇可口的酒类产品的生产部门及体系,归属于酿酒工业。酒的主要成分是乙醇 C_2H_5OH,俗称酒精。以酒度表示酒中乙醇的含量。

酒的种类可划分如下:

(1)烈性酒 包括中国白酒、白兰地、威士忌、伏特加等。中国白酒的历史悠久,品种繁多,如贵州的茅台酒,酒度53度,醇和浓烈;四川的五粮液,酒度52~60度,甘美清爽;山西的汾酒,酒度65度,清香甜美;陕西的西凤酒,酒度65度,"五味"(酸、甜、苦、辣、香)俱全。洋酒如白兰地原产法国,其酒度30~43度,芳香浓郁;威士忌产于英国,酒度40~43度,酒香纯正;伏特加产于俄国,酒度40度,清苦爽口。

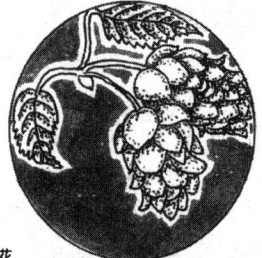

啤酒花

大米(稻)

(2)低度酒 包括啤酒、葡萄酒、香槟酒、黄酒等。啤酒是消费量最大的一种酒,酒度11~12度,口感舒畅。葡萄酒的酒度为9~13度,甘爽柔和。香槟酒的酒度仅为5度,回味舒适。黄酒是我国传统的饮料酒,酒度为15~16度,纯香暖腹,还可作为"中药引子"、烧菜的调味品等。

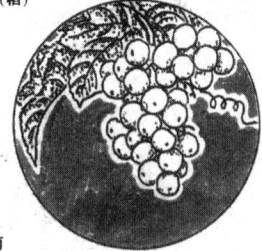

葡萄

一般而言,上述两种酒中烈性酒的酒度度数较高(40度以上),多采用蒸馏法制得;而低度酒大约是15度以下,多采取发酵法制得。

根据不同的酒种，使用的原料有大麦、小麦、高粱、大米、玉米、燕麦、黑麦、地瓜、葡萄和其他水果、酒花等，以及高质量的水。

大麦

蒸馏法酿造白酒，要先将原料进行粉碎，与配料混合后置入蒸桶里进行蒸煮，同时另行制曲粉，即发酵剂。蒸煮过的原料摊凉，加入曲粉，送入酒窖发酵几十天（甚至更长时间）。出窖后蒸馏得到的酒再贮存，越久越香，如茅台酒要求贮存三年以上。最后，再经"勾兑"调味而成商品。

泉水

白酒的勾兑，是酿酒生产中十分重要的一环。它是把同一种类、不同特征的酒，相互调配，起到补充、衬托、缓冲的作用。通过勾兑获得香、浓、醇、甜、净的感官印象，做到统一酒质、统一标准，确保酒的质量。勾兑均由有经验的调酒师来掌握。

玉米

由于在蒸馏法制作中，伴随乙醇的冷凝也有一些甲醇等化合物混于酒中，国家卫生部门对蒸馏酒的卫生指标规定：甲醇含量不超过 0.04 克/100 毫升者（以 60 度酒为基准）对人体无害，可以饮用。而一些不法之徒，为牟取暴利，从化工厂购买廉价甲醇（外观、气味与乙醇相近），再以水勾兑，冒充"白酒"出售。饮用者受害，轻则双目

酒窖场景

失明，重则死亡。所以，千万要提高警惕，不要随便买散装白酒，以免受害。

啤酒的生产

古代的啤酒全是用大麦发酵酿造的。时至今日，仍有一些国家和地区把啤酒称为"麦酒"。那么，现代的啤酒是怎样生产出来的呢？

生产啤酒要先将大麦浇水使之发芽，在大麦芽内生成了多量的酶。再把麦芽加以干燥、除根、贮存、精选、粉碎后备用。

将粉碎后的麦芽粉投入糖化锅内，锅中事先加入一定量的清水，并不停地搅拌。与此同时，在糊化锅内也加入清水，搅拌，将称好重量的大米粉投入，加热煮沸使之糊化。经糊化后的大米浆用泵输入糖化锅，

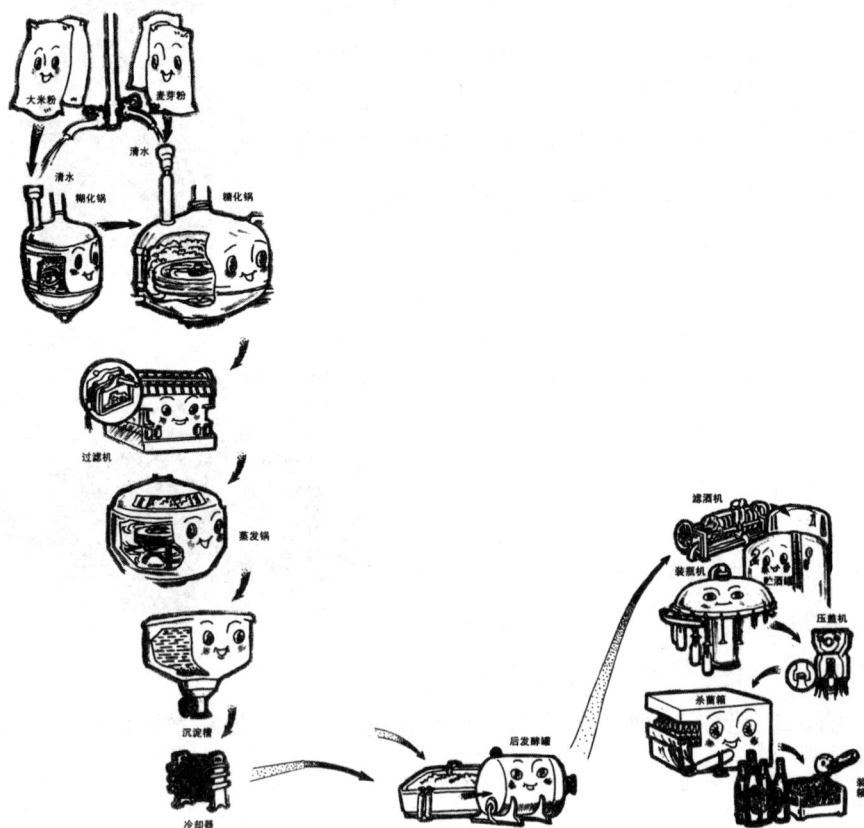

与麦芽浆混合进行糖化。

所谓糖化，就是使麦芽粉和大米粉中的淀粉，经过麦芽酶的催化作用，在一定温度下被水解成为可以产生发酵反应的麦芽糖、糊精等糖类的过程。

糖化后的糊状浆经过过滤，滤出的清液送入蒸发锅，加热煮沸。在煮沸过程中，向锅内加进一定数量酒花（又称啤酒花）。酒花是酿制啤酒的一种不可少的植物原料，使用它是利用其味甘苦，有香味、防腐和澄清麦汁的能力。而煮沸清液可蒸发多余的水分，对麦芽汁进行杀菌，抽提出酒花中的苦味物质和芳香物质。

随后，把热麦芽汁泵入沉淀槽。经过一段时间，将上部的麦芽清汁通过冷却器，降温，流入主发酵池。主发酵池内有麦芽汁，再加入酵母，通过酵母中酶的作用，使麦芽汁中的麦芽糖分解成乙醇（C_2H_5OH）和二氧化碳（CO_2）。

整个发酵过程分为两个阶段。第一阶段是发酵的主要阶段，称为主发酵。此时的温度为 $6.5℃\sim8℃$，一般是 $7\sim10$ 天。第二阶段称为后发酵，是前一阶段的补充，发酵温度控制在$0℃\sim3℃$，发酵时间是$30\sim60$天。后发酵的目的是，当全发酵完毕后啤酒中还有少量糖类需要继续发酵，使酒液中含有适量的二氧化碳，充分沉淀蛋白质，澄清酒液，增加啤酒的稳定性，使啤酒的品味纯正。

经过后发酵的"成熟"啤酒，还含有少量的悬浮于酒中的酵母和蛋白质。这时，再把它们经过滤酒机过滤，清液再送入贮酒罐。下一道工序是把干净的啤酒瓶传上装瓶机，进行瓶装，加盖。盖好的瓶装啤酒，继续传送到杀菌箱，经 $60℃$ 的热水"淋浴"20分钟，啤酒中的少量酵母和其他细菌都被杀灭。其后就是贴商标、装箱，即可出厂。

啤酒的种类繁多，按生产方式可分为生啤酒和熟啤酒两大类。没有经过杀菌的啤酒称为鲜啤酒或生啤（酒），此酒中存在少量对人体有益的酵母，不易久存，一般都是散装供零售。所谓的"扎啤"也就是新鲜啤酒，是香港人对英语 draughtbeer（生啤酒）的音译。杀过菌的啤酒称为熟啤（酒），可存放 1～6 个月，用瓶装或罐装。另外，啤酒还因酒色不同，又有浅色啤酒（黄啤）和深色啤酒（黑啤）之分。黑啤酒是配用炒焦的大麦芽，同时在麦芽汁煮沸时加炒焦的砂糖调制成，有较浓的麦芽香味，市场需求量较少。啤酒的包装容器有瓶、罐、桶，容量各异，欧洲一些国家常用橡树木桶，而多数地区使用不锈钢桶、铝质桶。

古老而新兴的工业——制革

远在 100 万年前，人类的祖先成群地狩猎，对猎获的猎物食其肉寝其皮，开创了皮革加工的原始时期。后来逐渐发展了制革、毛皮、皮件、皮鞋的制造等。凡是生产革制品和其原料的部门及体系，属于制革工业。这是一个古老而新兴的行业。

皮革是什么？"皮"是指的原料生皮。它多半是动物皮，如牛皮、羊皮、猪皮等。"革"是利用"鞣剂"对生皮进行处理，使之发生化学变化而成的一种产品。由于生皮含有大量水分、蛋白质和脂肪等，容易腐败发臭，经过鞣制后就成了能耐热、耐潮、耐摩擦，化学稳定性好，经久耐用的皮革了。

制革的原料按来源不同分为天然革、人造革和合成革。

天然革又分牛皮革（包括黄牛皮革、水牛皮革）、马皮革、羊皮革和猪皮革。革质和质地均以牛皮革为好，尤以黄牛皮革最佳。羊皮革革质较有弹性。天然革可用以加工皮箱、皮包、皮夹、皮帽、皮带、皮手套、仪器药箱等革制品。

天然革的加工，即是把牲畜皮变成革（或皮革）的过程，简单地说分为三个步骤：一是准备阶段，把生皮上的余肉、毛等，用机械或化学药剂脱除；二是鞣制阶段，利用植物鞣剂或矿物鞣剂或合成鞣剂，对生皮进行加工，赋予它以丰满和柔软的优良特性；三是整饰阶段，对皮革进行染色、加脂、上光等手续，使成品更加美观、抗水和防化学腐蚀。这样，一张张原料革便制成了。在实际生产中，这些工序大多是由皮革机械借助皮革化工品的帮助来完成的。皮革厂排出的废水对环境有污染，是环境保护要重点解决的问题。在制革废水中，除含有大量的有机物、悬浮物之外，还有含毒素的硫化物和三价铬离子，可以采用曝气、

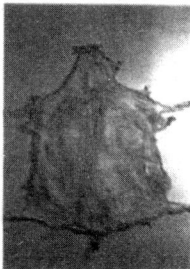

催化氧化法等加以处理。

人造革和合成革的加工，可以看作近似塑料制造法。人造革是用聚氯乙烯、聚氨酯等为表面涂料，以棉或化学纤维针织布为底料制成的拟革制品。

合成革是用聚氨酯树脂、合成乳胶等为表面涂料，以无纺布为网状层制成的革制品。其机械性能高于人造革而接近天然革，不易受虫蛀和发霉，尺寸稳定，美观柔软；缺点是耐高温性差。

人造革和合成革都可加工成旅行袋、手提包、活页夹、帽子、衣服、航空箱等革制品。

人造革的生产

人造革与合成革从外观上看好似革制品，实际上它们都是塑料加工产物。人造革是以聚氯乙烯树脂为原料，再加入增塑剂（如邻苯二甲酸二辛酯等）和稳定剂（如硬脂酸钡/锌），以及填充剂（如重质碳酸钙）等三种助剂，为了使制成的人造革质轻、柔软，还要加进发泡剂（如偶氮二甲酰胺）、阻燃剂、防霉剂等等。随后在高速搅拌机中充分搅拌。在搅拌过程中缓缓注入其他少量液体助剂，同时向夹套内通入蒸汽，以缩短"炼化"。经过高速搅拌机混合后仍呈粉状，这时需要把它们送入密炼机（即密闭式混炼机）内进一步加工，使之塑化。密炼机由通有蒸汽的浮压锤、密炼室和一对反向旋转的转子所构成。当粉状物料进入密炼室后，由浮压锤向下压，同时加温使物料迅速变成团块状。

团状物料内还残留些尚未塑化的粉末，需要送至二辊机上加压，一方面使物料塑化均匀，另一方面使之成为扁平状。然后，准备进行贴合。

压延、贴合操作是人造革生产中的重要工序。在一定的温度下，把预先处理好的"布基"从卷辊上放出，连续地与二辊机上送来的物料（已压成厚薄均匀的薄片），通过四个辊筒的回转，使它们压制在一起，

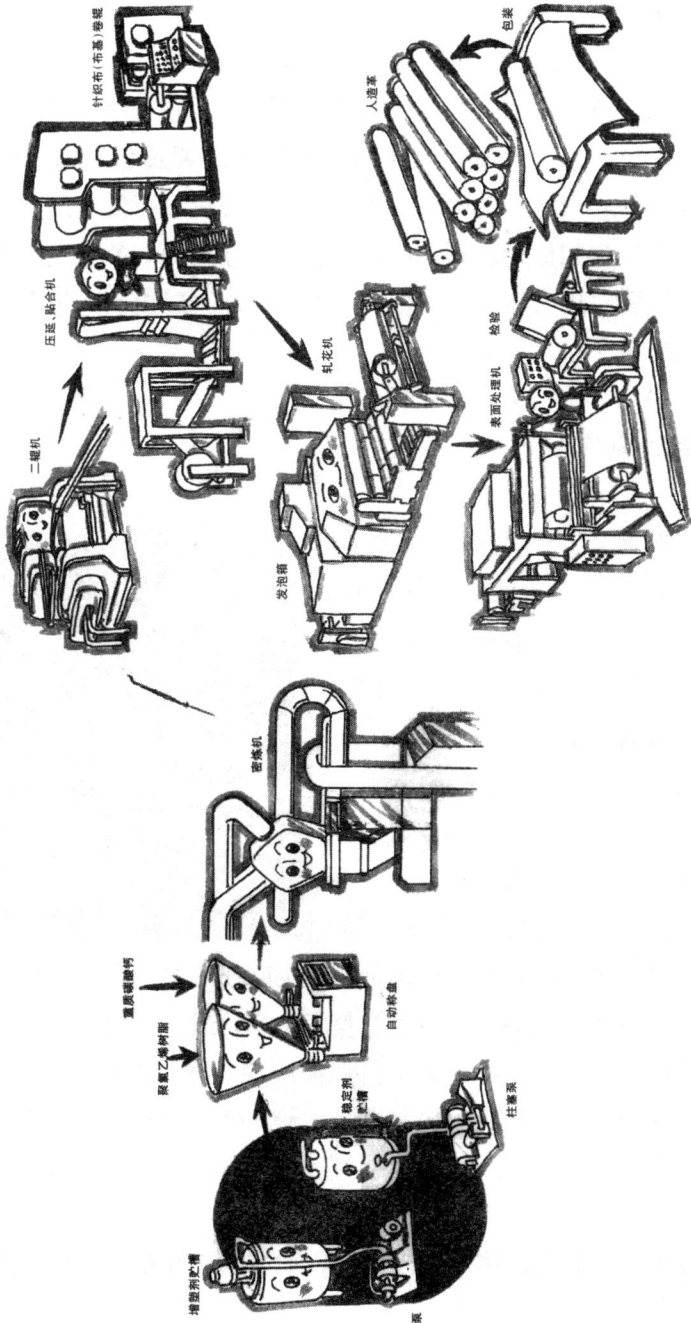

针织布(布基)卷辊

压延、贴合机

二辊机

轧花机

发泡锅

表面处理机

检验

人造革

包装

密炼机

高质碳酸钙

聚氯乙烯树脂

自动称盘

稳定剂贮槽

柱塞泵

增塑剂贮槽

泵

从而制成了人造革的半成品，即"半料"。

将半料送入发泡箱，经过发泡之后使人造革内形成多量的微孔。出口处有冷风装置，适当降温，接着进入轧花机，它是由一只雕刻有图案的钢辊和一只橡胶辊组成的。半料从辊筒中间通过就会留下清晰的花纹，再经冷却、切边、卷取后，送至表面处理机进行处理。为使人造革具有与天然真皮相似的质感，可以在表面上涂刷丙烯酸（或聚氨酯）等极薄的一层膜。进一步冷却、干燥后即为成品，经检验、包装，便得到一卷卷人造革了。

皮鞋的制作

千里之行，始于足下。人的穿着中，鞋是不可缺少的，而皮鞋有着"鞋中之王"的美称。天然革或人造革都可用来做皮鞋。皮鞋厂生产的皮鞋都是由鞋帮和鞋底两部分结合而成的。19世纪开始出现了皮鞋专用机械。20世纪60年代皮鞋的制造已实现了全面机械化。

制皮鞋经历了线缝、硫化、模压和胶粘等四个发展阶段。最初是以手工麻线缝制皮鞋，产量少。硫化皮鞋是把套在木植上的鞋帮与生橡胶底贴合，经过硫化加温后使胶底与鞋帮粘结在一起而成。模压皮鞋是把橡胶底与鞋帮在模具中加热硫化，并对鞋帮加压粘结而成。硫化和模压皮鞋均使穿者有不透气感。而胶粘皮鞋是把鞋帮和鞋底在适当的温度与压力下，用不溶于水的氯丁橡胶粘结而成的。

世界上工业较发达国家的皮鞋厂，大多采用胶粘的方法。其过程简述如下：

将牛皮革一张张送入裁料机的工作台上，经刀模按图样大小冲裁下一块块面料。裁下的每块面料经披皮机削薄边缘，使两块面料缝接处不会太厚。披皮机中有一个圆筒形的刀具，其刀刃不断地被砂轮打磨锋利。披皮后的面料用制鞋专用的无毒粘合剂粘结成一双双鞋帮面料，叫做"贴帮"。

鞋帮面料经过缝纫帮面、帮腰等，必要时再送上专用机床打鞋眼、铆鞋眼圈，最后鞋帮完成，叫做"成帮"。

支跟就是鞋的后跟硬衬。经过裁料、披皮后，把硬衬嵌入鞋帮后跟的夹层里，套在脚跟形状的模具上，加压，加温（120℃），使支跟上的胶粘剂熔化，与面料和鞋夹里粘结为一体。再移到冷却模上，由制冷机冷冻至－4℃左右，使胶粘剂冻结，鞋帮后跟的形状得以固定，这叫做支跟成形。

皮鞋有几层鞋底，即与地面接触的外底；与穿者脚掌接触的衬底；中间还有一块托底皮和一块半托底皮（有时也用半托纸板）。在这两个底皮之间钉有钢条（或鞋钉）。将托底皮、钢条钉在一双双木楦上，再用粘胶剂把半托底皮和托底皮粘结，则钢条被包封在内。这就是套帮。

把钉有托底皮的木楦套上鞋帮后，放在钳前帮机中固定的位置上（鞋帮朝上），通过定位、夹紧、

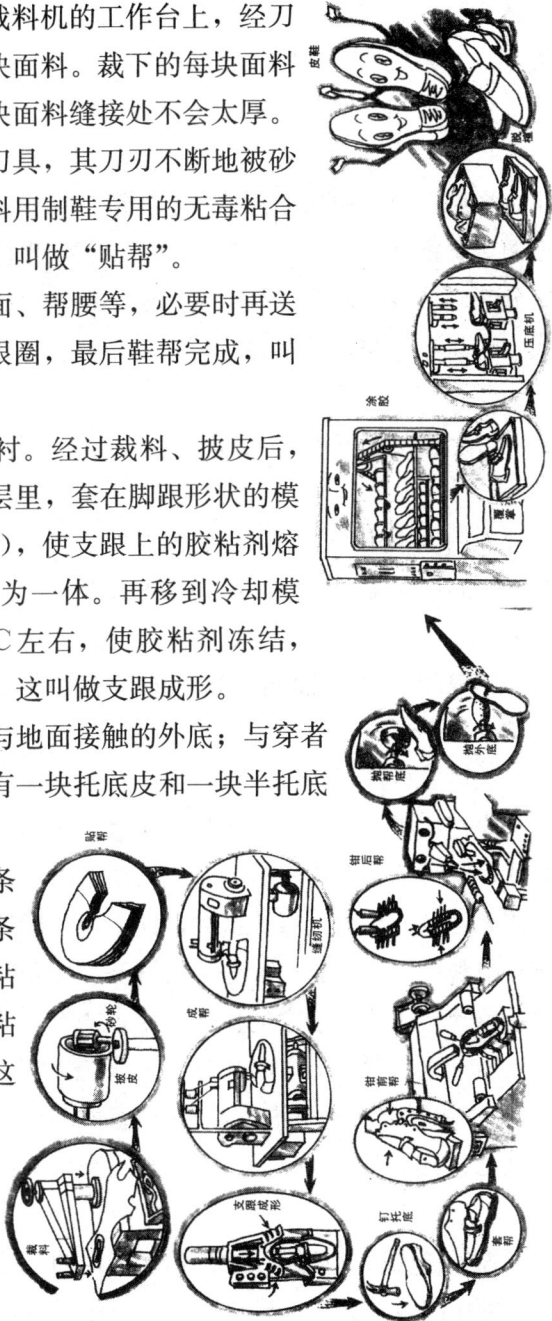

钳帮、喷胶、增压等一系列操作，完成了一只鞋的前帮粘结。采用相同的方法，完成钳后帮的工作。

为了增加外底与鞋帮的粘结力量，可以在抛光车床的滚轮上对帮底进行打毛（或称抛光）。再向帮脚与外底的两个结合面上涂胶（一般是氯丁橡胶），隔一段时间后，使鞋帮与外底贴合，送入高压力的压床，使两者紧密地"合二为一"。这时，即使用很大的力气也难把鞋帮和鞋底分开。接着，取出皮鞋内的木楦，粘贴衬底皮等，经检验合格后，便成为成品，包装出厂销售了。

"清洁大王"——肥皂

人们洗手用的肥皂，已有悠久的历史。肥皂是俗名，正确地说它是高级脂肪酸的盐类（钠钾盐）。制造肥皂的生产部门及体系属于肥皂工业。

肥皂的原料是油脂（包括动物油、植物油、氢化油等）和氢氧化钠。

肥皂的生产过程如下：

先把油脂（猪油、牛羊油等）送入溶油锅内，通蒸汽使其化解为液状油，此时其中含有多量的杂质（如蛋白质、色素、粘液质）和游离脂肪酸等；经油泵送入碱炼锅内，锅中装有搅拌器和蒸汽盘锅管，通过加热和中和作用使油脂与部分杂质分开；接着便送入脱臭脱色罐，利用吸附脱色的办法清除油中的色素和易于产生酸败臭味的杂质。常用的吸附剂是陶土（活性白土），有时加入少量的活性炭。罐内的温度保持在120℃，在真空条件下进行，以避免油脂在脱色过程中与空气接触而产生氧化作用。所得到的油脂清彻透亮，同时，油脂中的气味随蒸汽带出。

脱臭脱色后的油脂，用泵输入密封的过滤器，流出的纯油脂送到贮存计量锅内备用。在反应锅内加入一定量的烧碱，通过蒸汽之时徐徐放入油脂，并不停地搅拌，使油脂与氢氧化钠发生皂化反应，生成肥皂和甘油。

因肥皂不溶解于浓盐水（NaCl）中，故当皂化完毕后，可向反应锅内加进饱和盐水，然后通入蒸汽加热翻煮，静置数小时或一昼夜，肥皂浮在上层，下层是盐水和甘油的混合液，这就叫做盐析，它也是在反应锅内进行的。

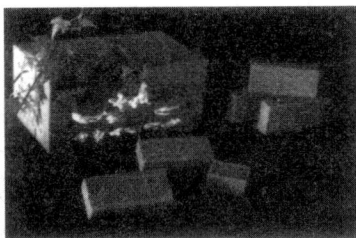

盐析后得到的肥皂，在把下层的混合液排出后，加清水再次煮沸，进一步洗出甘油和残留色素，以提高肥皂的色泽，这样便得到了"皂基"，而排出的盐水中可回收甘油。

皂基中还含有少量的盐和甘油以及没有完全皂化的油脂，所以还要加入碱水、盐水、清水等调整成分，进行碱析，以便得到更为纯净的皂基。由于皂基含有的脂肪酸一般为 62%，其水分为 30%～32%，必须脱去部分水分，因此，下一步是把皂基沿切线方向喷入分离器，使水分急骤蒸发，达到所要求的水分含量（12%～14%），落于冷却辊筒，凝固成皂片。

干燥后的皂片送至搅拌机中，再加上着色剂、抗氧剂、泡花碱（水玻璃）增白剂等，经过调和搅拌 3～5 分钟，再送入研磨机内研磨，使皂料的组织变得更加均匀、紧密、细腻、光润。

研磨后的皂料输入真空压条机，压条机内有冲压模（模上刻有商标或图案标记），经过冲压即得一条条肥皂。不过，刚成型的肥皂温度较高，发软，还不能马上包装。由传送带将肥皂送至冷却室，在室内停留40～60 分钟，充分冷却后即送入包装机，或者直接装箱。如果生产香皂，其工序与上述制肥皂基本相同，只是在搅拌前，准备好调和的香精，压条机改一下模子即可。

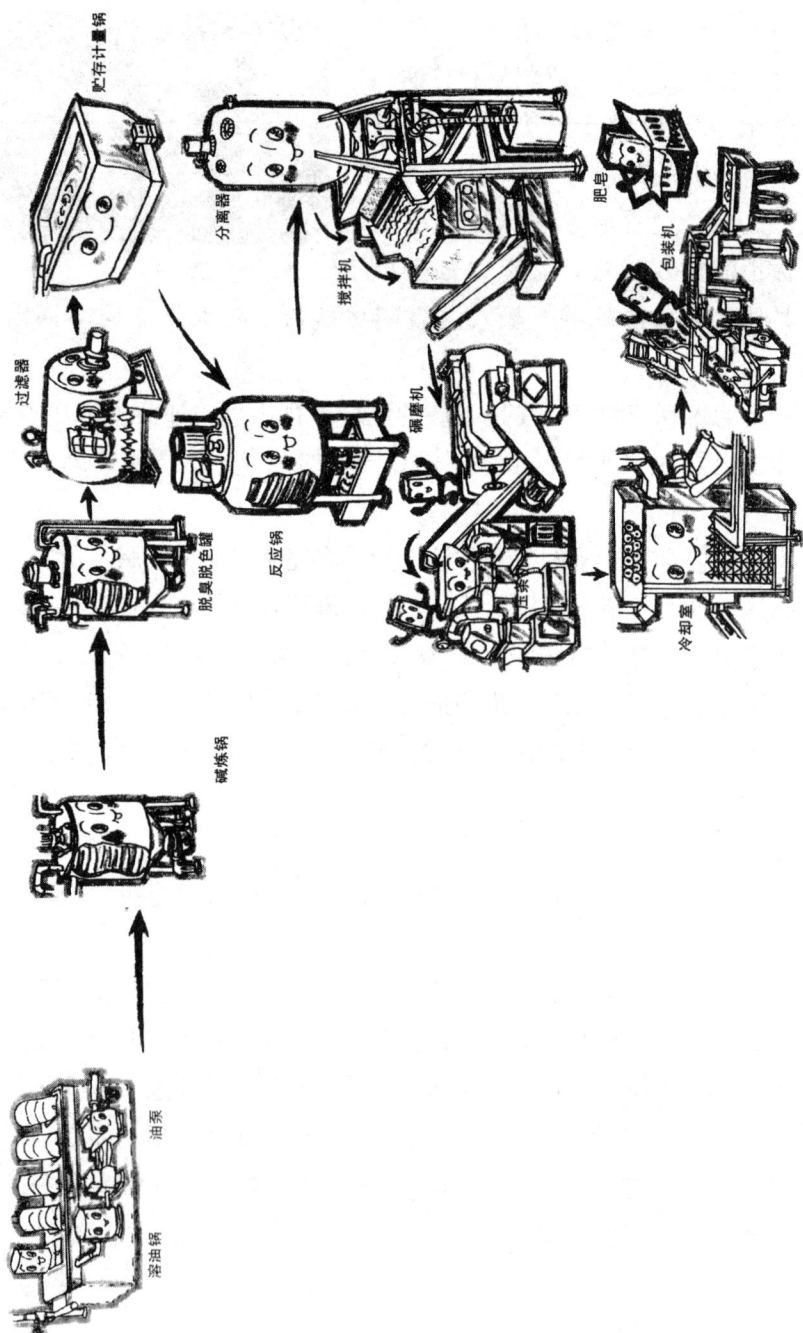

六、出类拔萃的精细化工

芳香四溢的"花仙子"——香料与香精

精细化工是精细化学品工业的简称。精细化学品一般是指技术密集度和附加价值都较高的加工化学品，例如香料、染料、涂料等。20世纪60年代，日本首先把精细化工明确列为化学工业的一个产业部门。

精细化工生产与一般化工生产不尽相同。这类化工产品的生产包含化学合成、制剂加工和商品包装等三个组成部分。它的制作比较复杂，产品生产的保密性强，在激烈的市场竞争中，精细化工品更新换代快，产品的针对性也要求甚高。香料和香精是重要的精细化工产品。

香料是在常温下能够散发出令人感到愉快的甜

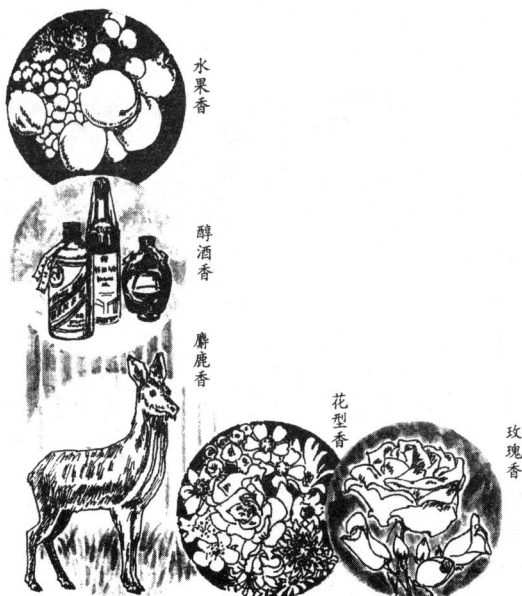

水果香

醇酒香

麝鹿香

花型香

玫瑰香

美香味的化合物或混合物。制造香料（及香精）的生产部门和体系，属于香料工业。

香味与人们的生活息息相关。芳香的食品使人食欲大开，能增加对食品的消化和吸收；香味能沟通人们之间的好感，所以，香料很早就得到广泛的应用，尤其是成为化妆品和食品工业的一项不可缺少的原料。

按来源来划分，香料有天然香料和合成香料两大类。天然香料是由大量的精油（如玫瑰油、松针油、檀香油、柠檬油、山苍子油、桂皮油等）和少量的香胶和香脂组成的。它是多种芳香物质的总称，又可分为植物性和动物性两类。植物性香料由植物花、根、树皮、果实等抽提物制得，有玫瑰香、香兰素、柠檬油、留兰香等；动物性香料由动物的生殖腺分泌物等制得，有麝鹿香、灵猫香、海狸香、龙涎香等。

采用物理或化学方法从精油中可分离出较纯的香料成分，称为单离香料。而合成香料是包括单离香料在内的用化工原料合成制得的香料，例如，从柠檬醛制得的紫罗兰酮、从蒎烯合成的松油醇等。合成香料的生产不受自然条件的限制，产品质量稳定，而且不少产品是自然界并不存在而独具特色的香气，故近几十年来发展迅速。国际上天然香料约有 500 种，合成香料多达6000种。

压榨机

冷榨、冷磨法提取香料

香精是利用天然香料和合成香料，按某种比例相混合而制成的具有一定香型的混合物，或称为调合香料。它是香料的第二次加工产品，常常添加在其他产品中作配套原料，不直接在市场上消费，香精的加入量虽不多，但对产品质量影响不小，如果调和适应性错位，则会引起产品变质、变色等不良后果。

天然香料的提取方法有很多种，常用的是：

（1）水蒸气蒸馏法对于香气不因水蒸气加热而产生变化的原料比较适用。加热的温度是150℃～300℃，经过蒸馏、冷凝、分离后，即可得到精油（无色、透明的或浅棕色液体）。将精油浓缩后，即可得香料。

（2）冷榨、冷磨法将香类植物的果皮等加工成碎屑，利用压榨机或磨碎机挤出流体，皮渣等弃去，得到的是加工精油。

（3）萃取法对于香气成分受热易变质者，或一部分香气成分能溶于水（或其他溶剂）的某些原料，如鲜花，可采用此法。但因成本高，难度大，工业上应用不多。

合成香料要通过复杂的有机化学反应来制造，还常运用过滤、分馏、结晶、干燥等操作。它的开发或研制的难度比较高，所需的费用也比较多。

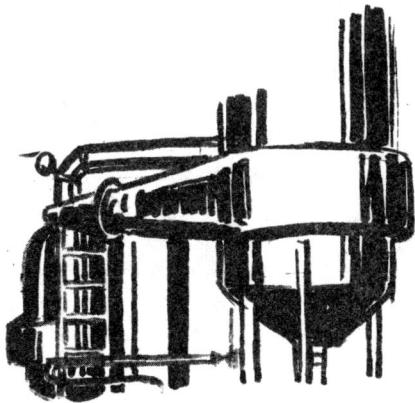

闪蒸灭菌机

香料的应用与化妆品生产

香料香精的使用，最先只限于一般日用品、化妆品、食品和烟草行业中，例如香皂、冷霜、雪花膏、洗发精、花露水、牙膏、护肤美容品等；又如糖果、饼干、饮料、罐头、香烟等等。为了保证使用的安全性，许多国家对已有的各种香料，均在用量、毒理方面做出明确的规定。

近年来，随着科技的发展，社会生活水平的提高，香料香精的应用范围不断地扩大，延伸到洗涤用品、合成树脂、合成皮革、橡胶制品、织物、纸张、涂料、油墨、运动器材、空气新鲜剂等方面；在食品方面也深入到快餐食品、方便食品、低脂食品、低热食品中。有一些可使食品的色香味更上一层楼的香料香精，包括咖啡、巧克力、奶香、芝麻、花生、可可、蘑菇、鱼香、鸡香等香型，使食客胃口大开。

　　与此同时，加香产品的发展方兴未艾。美国出现的香味唱片，可在放唱的过程中散发结合音乐情景的香味，使人在听觉和嗅觉上为之一新。日本生产的带有檀香味的网球和球拍，能够消除打网球时流出的汗味。而法国市场上的无烟叶香烟，是用浸有烟草香精的植物纤维制造，

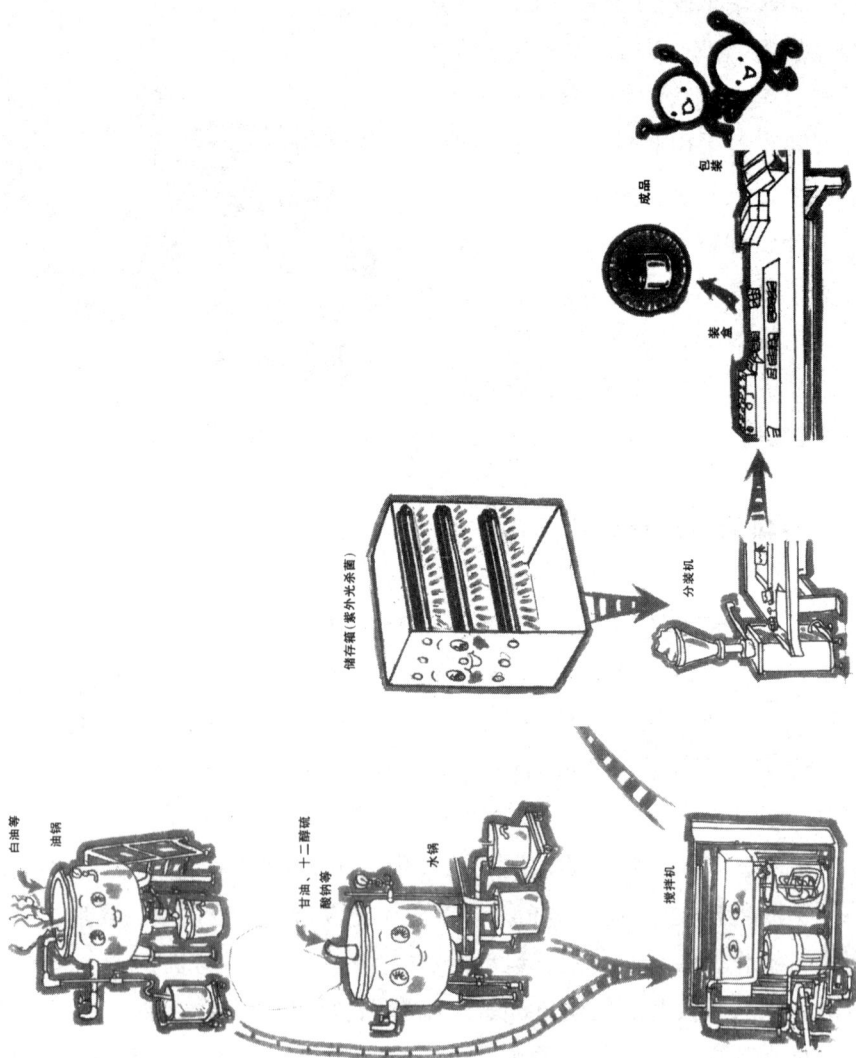

抽起来安全无害，在欧洲受到人们的欢迎。

过去的香料香精习惯于配成酒精溶液或油剂，现在已经研制出粉末香精、微囊香精，从而在贮存、使用上更为方便。微囊香精更为先进，它在贮存过程中香精成分是不会释放、损失的，只有在使用时，让微囊开裂后才散发出香气来。

应用香精最多的是化妆品。现以润肤霜的生产过程为例，介绍如下：

向油锅中加入白油、十八醇、单甘油脂和尼泊金丙酯等原料，通过蒸汽加热，使其溶解。十八醇是增稠剂，单甘油脂是稳定剂，尼泊金丙脂是防腐剂，它们能使膏体细腻润滑、洁白防腐。

与此同时，在水锅内投入甘油、十二醇硫酸钠和甲脂等。甘油是润滑剂，十二醇硫酸钠是乳化剂，甲脂是防腐剂。

当油锅和水锅中的原料全部溶化之后，便把它们一同送至搅拌机里，一方面搅拌、降温；另一方面加进香精（有不同的香型）、杀菌剂等，使其混溶而成均匀的膏体。

制得的膏体送入储存箱，经过紫外光杀菌灯进一步照射后，最后采用分装机以瓶装或塑料袋小包装、封口、装盒、装箱而完成。

润肤霜是膏状的化妆品，加有香精，故香气幽雅，滋润肌肤；特别是在冬季，搽用后在皮肤表面上形成一层保护膜，阻止皮肤与外界干冷的空气接触，保持皮肤表面有适量的水分和油脂，起到延缓肌肤衰老的功效。

万紫千红的"新衣"——染料

染料，是能将纤维等材料相当牢固地加以着色的有色物质，它们绝大多数是有机化合物。凡采用有机物（如苯、萘、蒽等）为原料进行化学加工生产染料的部门及体系，属于染料工业。自1857年建立世界上第一家苯胺紫染料厂以来，染料工业已有140多年的历史。现在全世界能生产染料的只有 20 多个国家，其中产量、质量比较突出的是德国、美国、瑞士、英国、法国等。

染料的种类很多，目前全世界有不同染料8000余种。

以染色性质来划分有：酸性染料，主要用于羊毛、蚕丝、聚酰胺纤维的染色；碱性染料，主要用于文教用品、纸张的染色；中性染料，主要用于维纶、锦纶、羊毛、皮革品的染色；直接染料，对纤维素纤维可以直接染色的水溶性染料；还原染料，主要用于棉布和涤纶纺织物的染色；冰染染料，主要用于棉布染色和印花等等。

一般说来，染料的工业生产分为中间体合成、原染料的制取和染料的商品化加工等三大步骤。从工厂车间生产出来的原染料是不能直接作为商品来使用的，特别是不溶于水的染料，需要在助剂存在下，加工研磨成很细的颗粒，使其均匀地分散在染浴槽中进行染色，这样才能提高染料效果，降低消耗，保证印染产品的质量。

染料的应用很广，除纺织纤维的染色外，还用在纸张、皮革、油墨、塑料、食品、化妆品等诸多方面。不同的应用对象，对染料的要求不同。比如用于皮革的染料，要求有一定的坚牢度，对皮革无损伤，对人的皮肤无刺激作用；用于食品的染料，要求对人体无毒害，等等。

现以冰染染料大红色基 G（俗称大红）为例介绍染料的生产。这种染料的主要原料有邻甲苯胺、硫酸、硝酸等。其制造过程如下：

（1）成盐和硝化　向硝化锅中注入 98％ 的硫酸，冷却至 0℃～25℃，开动搅拌器并慢慢地加进邻甲苯胺（原料），在此温度下，不停地搅拌，直到完全溶解为止。再继续降温到 −10℃，在搅拌下再加入浓硝酸进行硝化反应，维持在 −10℃～0℃，务使反应完全，生成（硝基

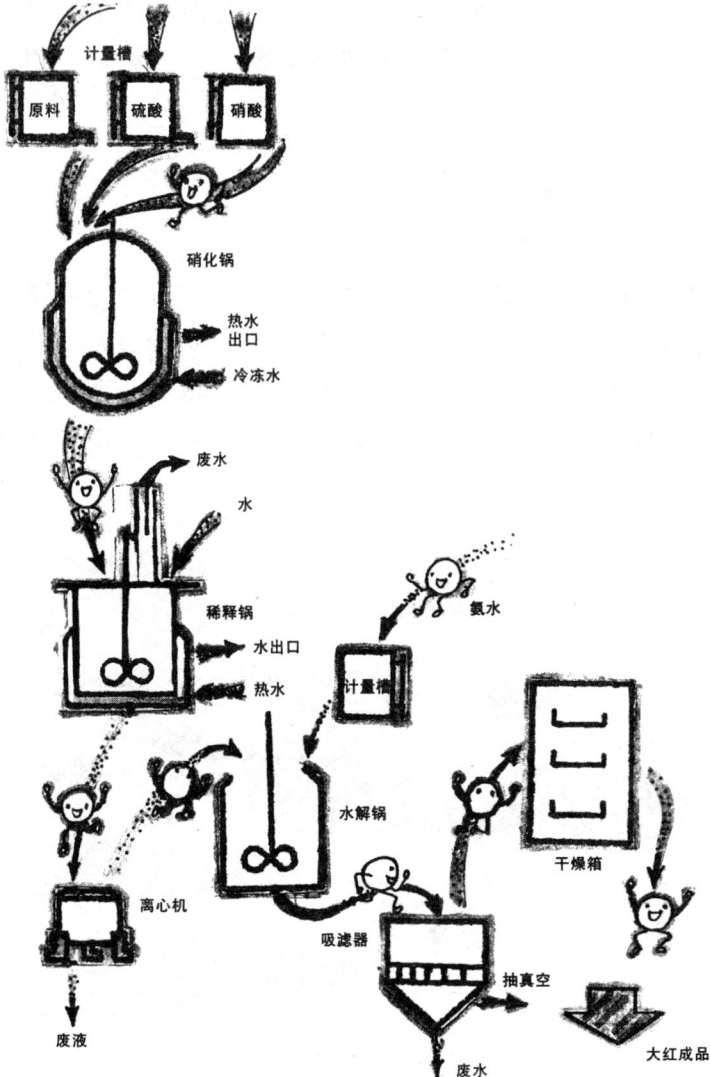

一邻甲苯胺硫酸盐）中间产物。

（2）稀释　把中间产物送入事先放有清水的稀释锅内，不断地搅拌，此时锅内温度上升到70℃。待加完上述物料后，降温至25℃。然后送入离心机分离，废液排出，获得料饼。

（3）水解和干燥　在水解锅中先放入氨水，当温度调节到55℃～65℃之间，把料饼送入（同时开动搅拌器），搅拌均匀后送入吸滤器过滤。滤液送回收工段回收硫铵。滤饼送干燥箱内于60℃下干燥，即得大红成品。

光彩夺目的"外套"——涂料

涂料，曾叫做油漆。几乎到处可见它的踪迹，如商店的大门门匾、室内的墙壁和家具、街上跑的汽车、自行车，它们的表面被施以薄薄的一层涂料，并干结成膜，覆盖在物品上被称为涂膜，又叫漆膜或涂层，能起到一种保护作用和装饰效果，犹如穿上一件件漂亮的"外套"，使周围的世界更加美丽。

侦察机(伪装涂料)

客机(降低噪声和热量涂料)
战斗机(高度辐射涂料)

水上飞机（防腐蚀涂料）

说起漆，出土的商代（公元前 17 世纪）漆器残片，可证实我国是世界上最早使用漆的国家。到公元初年，埃及人才采用阿拉伯树胶做涂料。1790 年，英国开办了第一家涂料厂，其后涂料工业才逐步发展起来。现在，凡是制造涂刷于物体表面的化学物质（简称为涂料）的生产部门及体系，属于涂料工业。涂料已被广泛应用于桥梁、飞机、船舶、仪表、机械、导弹等方面，成为重要的精细化工产品。

涂料的品种很多。若按组成划分有：油脂清漆、醇酸清漆、酚醛清漆、丙烯酸树脂漆等；按用途划分有：车辆漆、船舶漆、家具漆、仪表漆、机床漆等；按使用效果划分有：防锈漆、防火漆、绝热漆等；按涂刷层次划分有：底漆、面漆、罩光漆等；按施工方法划分有：喷漆、浸渍漆、电泳漆等；按漆膜颜色划分有：白漆、红漆、黄漆、黑漆等；按漆膜光泽划分有：平光漆、半光漆、磁漆等。

涂料从外表上看大多数是一种厚稠的流体（清稀的也有）。它包含有油料（干性油）、树脂、颜料、溶剂、填充料、催干剂等，其中油料和树脂是涂料的主要成膜物质，其他是作为改

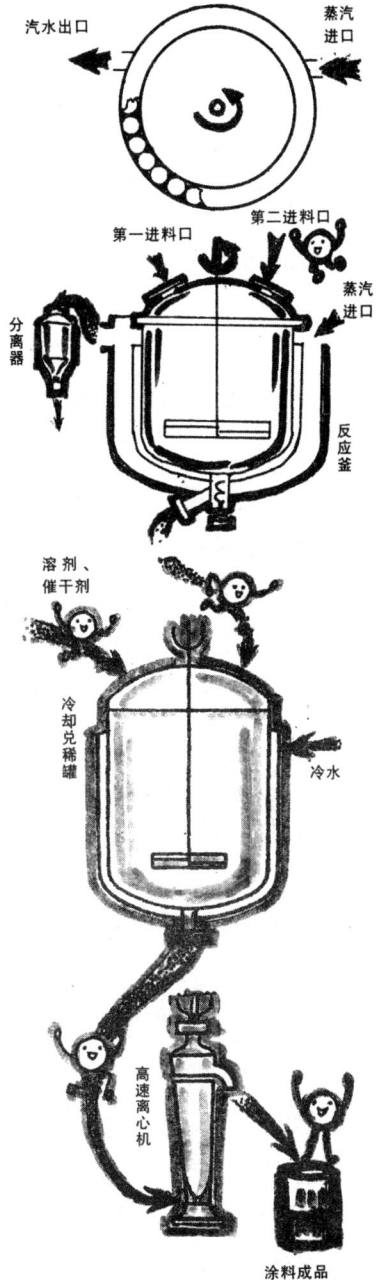

汽水出口 蒸汽进口
第一进料口 第二进料口 蒸汽进口
分离器 反应釜
溶剂、催干剂
冷却兑稀罐 冷水
高速离心机
涂料成品

善性能、易于使用、降低成本的辅料。

当把涂料刷抹后，在空气中即可发生化学变化——氧化成膜，其中的溶剂挥发散开，而剩下的树脂等固化形成薄膜覆盖。

一桶桶、一罐罐的涂料是怎样制造出来的呢？现以涂料之一——醇酸清漆为例，简述其生产过程：

（1）加热反应　将亚麻油、甘油从第一进料口投入反应釜中，向釜的夹套内通入蒸汽加热，使温度达到120℃。再加入黄丹，在搅拌下逐步升温到240℃，此时便发生醇解反应。当反应生成物与甲醇以1∶4混合时，即显清彻透明态。这时，再降温到200℃，从第二进料口加入邻苯二甲酸酐；继续降温到180℃，再加入二甲苯，逐步升温到回流温度脱水，进行酯化、缩聚反应，直到反应完成。

（2）兑稀　把反应釜中的生成物利用二氧化碳气将它压入预先盛有溶剂汽油和二甲苯的冷却兑稀罐内，继续搅拌均匀，冷却到150℃以下，加入催干剂，充分混和。

（3）分离过滤　从兑稀罐出来的流体，经过高速离心分离机，把其中的疙瘩等分离掉，过滤流出的是清亮的醇酸清漆成品。

醇酸清漆一般用于家具、物品的外层罩光等。它的耐候性和保光性优于油脂清漆。

庄稼害虫的克星——农药

农药是指那些用于防治危害农作物的各种有害生物（虫、草、鼠）以及调节农作物生长发育的精细化工产品。制造这类产品的生产部门和体系属于农药工业。初步估计，每年全世界因各种生物灾害（虫害、病害、草害等）造成的农业产量的损失，约占应产总量的35％。如能正确及时地使用农药，还可提高农业产量10％～20％。

迄今为止，在世界各国注册的农药已有1500多种，其中常用的约有300种。为了研究和使用上的方便，农药可按成分和来源划分为无机农药、有机农药、生物农药等；也可按用途和防治对象划分为杀虫剂、杀菌剂、除草剂、灭鼠剂和植物生长调节剂等。

从工厂里生产出来的农药称为原药：固体的叫原粉；液体的叫原油，它们是不能直接使用于农田的。必须把原药与别的助剂加在一起进行加工处理，以得到农药剂型。其主要剂型有粉剂、可湿性粉剂、乳油水剂、颗粒剂等几大类。每种农药剂型又根据用途再配成不同规格的制剂。农药制剂才是可以施用的农药。它的名称系由有效成分含量、农药名称和剂型三个部分组成的，例如50％敌敌畏乳油。

农药的使用，技术要求严格，必须掌握科学的施用方法：

（1）选用对症的品种　应针对防治对象，选用最合适的农药的品种，防止误用、滥用。

（2）适时用药　农作物对施用农药的时间、地点、天敌等环境，都是极为敏感的。施用农药过早、过晚均会引起药害。

（3）严格掌握施药量　要按照推荐用量使用农药，不能任意增减。使用前的药量和水量必须称准。

（4）喷洒要均匀周到　为了取得良好的防治效果，在喷布农药时要均匀周到地喷洒在农作物或害虫的要害部位。

（5）坚持轮换用药　实践证明，在一个地区长期连续使用单一品种的农药，容易使有害生物产生抗药性。因此，可以间隔一段时间更换农药品种。

农药的制作方法随品种而异。现以敌敌畏为例，简述其生产过程。

敌敌畏是一种有机磷杀虫剂，可防治苍蝇、蚊子、蟑螂和蔬菜害虫等。它以"敌百虫"、氢氧化钠和苯为原料，成品为无色油状，略有芳香气味，有挥发性，稍溶于水。其制作步骤如下：

①把敌百虫固体配成 20％～30％ 的水溶液送入合成釜内，在不停地搅拌下维持反应温度为 25℃～30℃，加入少量烧碱溶液，维持其 pH 值 8～10。此时，釜内溶液的颜色随碱量增加由无色变为淡黄色，即停止加碱。继续搅拌半小时，H 值不低于 8，即达反应终点。

②将合成釜内的液体用泵打入分层器，分去上层的水，下面的苯油混液送进蒸发器，脱去苯和水分，经冷却器即得敌敌畏原油。

③原油经过配制才成为可供出售的敌敌畏乳油，进行装瓶，其中含敌敌畏为 92％ 以上。

大多数农药对人畜均有不同程度的毒性。以 LD50（使试验动物的半数致死剂量）来表示农药的毒性大小。凡 LD50＜50 是高毒；LD50＞500（毫克/千克体重）是低毒；介于其间的是中毒。

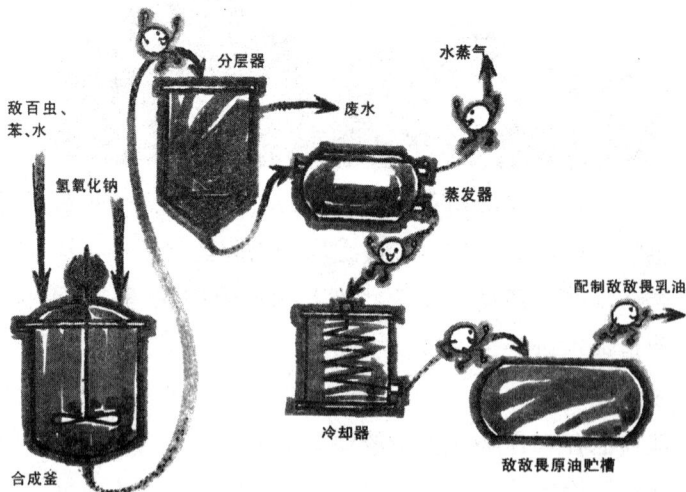

驱赶病魔的"法宝"——化学药品

按照世界卫生组织（WHO）的解释，凡是用于治疗、预防人或动物的疾病，或恢复、改善人和动物器官功能的任何物质都可以叫做药品。而采用化学手段制造的药品称为化学药品。化学药品是由两部分组成的：一部分是原料药，另一部分是药物制剂。原料药是药品生产的物质基础，它必须经过加工制成适合于服用的药物制剂，才成为药品。凡是制造各类化学药品的生产部门及体系，属于医药工业。

药品的制药剂型包括有：针剂、片剂、丸剂、酊剂和糖浆等，其中针剂和片剂是最大量的剂型，也是病人接触最多的药品。

针剂也叫注射剂，是专供注入人体内的一种剂型，包括无菌溶液、混悬剂、乳浊液或临用前配成的溶液等等。它的生产过程是：先将普通的自来水预先进行净化处理，送入过滤器（器内装有砂石、活性炭等过滤物质），初步除去水中的大颗粒杂质。经过预处理后的水再送入电渗析器，通过半透析膜和电场的作用，把离子化合物与水分子分开，便得到了"淡水"和"浓水"。针剂生产只需要淡水。淡水经管道送入离子交换器，此交换器内装有阳离子床、阴离子床和阴阳离子混合床等三级过滤设施，淡水流过后便除去水中所有的离子，而变成无离子水。无离子水再通过分子筛，进入蒸馏器，最后得到的蒸馏水才是针剂用的注射用水。

另外，从玻璃厂订做的空安瓿（安瓿是装注射剂用的密封的小玻璃瓶，英文名 ampoule），经过外检后进入洗瓶机。先用无离子水灌满安瓿，随后加温、反复清洗、烘干备用。

调制针剂就是配制药水。它是向注射用水（比无离子水更洁净）中按比例加入主药和辅料，加热，使其完全溶解，再经化验合格，搅拌均匀。抽查测定该药水的各项物化指标（如酸碱度、药剂含量等），达到规定要求后通过输液管流向灌封机（灌药封口机）。

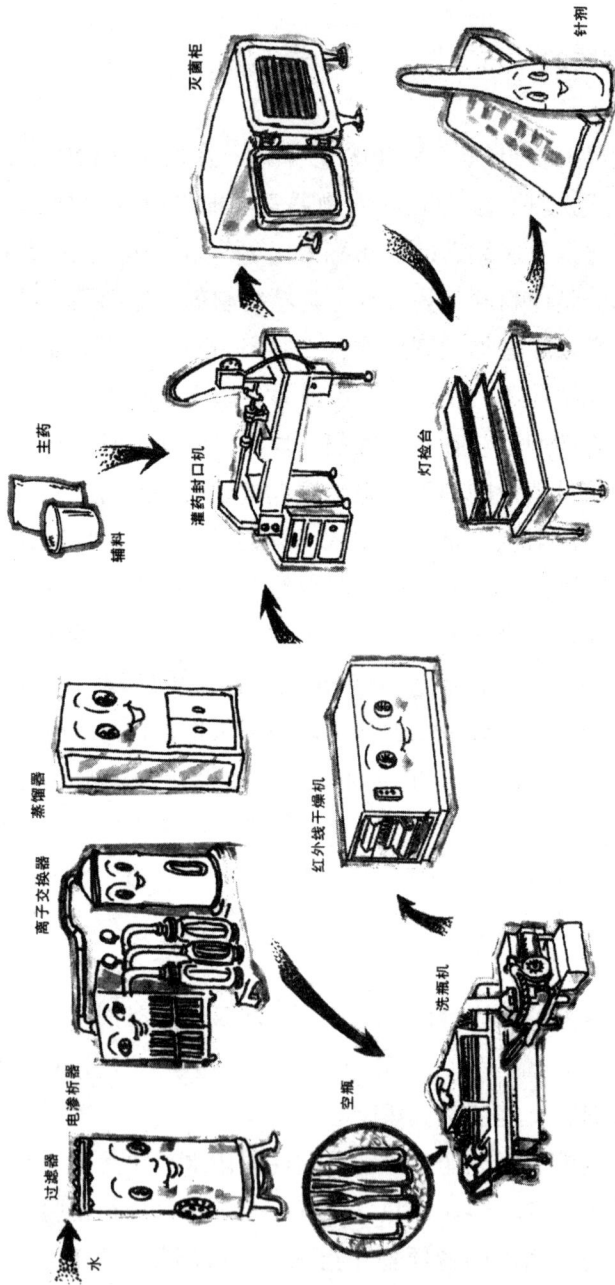

灭菌柜

针剂

主药

辅料

灌药封口机

灯检台

蒸馏器

离子交换器

红外线干燥机

过滤器

电渗析器

空瓶

洗瓶机

水

　　安瓿的灌装是在灌封机上进行的。先是用一排针头向空安瓿中注入高压空气，把空瓶内的细异物吹出；再用针头吹进氮气（以挤出瓶内的空气）；然后是由针头向安瓿内注入定量的药水；接着又一次灌氮气（进一步注氮是防止药液氧化变质）；最后是安瓿瓶口被火焰封口，由机械手送入灭菌柜中进行高温、长时间处理，达到灭菌规定标准后，再进行抽真空，随后向柜中喷射红色水。此时，安瓿上若有肉眼不易发现的细缝或封口不严，红色水便会进入瓶内，染红药水，这样一来不合格品很容易被检出。

　　装有药水的安瓿从灭菌柜出来又经过灯检台，利用灯光照射，看看每一支针剂是否合格，同时，再一次进行抽样检测。合格品送去包装机，在药盒上印上药品名称及批号，即可入库。

　　片剂是把原料药的粉末与辅料混合均匀，加入适量润湿剂等压制而成的。它的生产过程是：每一粒药片中除了主药外，还加有辅料，如填充剂、粘合剂、崩解剂（使药片在人体内迅速膨胀、崩裂，释放出主药）等。为了把主药和辅料配合在一起，按处方规定，先把它们投入搅拌机进行干态混合，待粉状的主药和辅料混合均匀后，再加入粘合剂等。不同的药品其润湿度要求也不相同。经过制粒机制成一颗颗粒丸，再干燥成干粒丸。

　　干粒丸送入摇摆机进行整粒，以进一步提高粒丸的均匀度。随后是压片。压片机工作时，是由顶部的料斗把干粒丸落到药片成型的转盘模圈内，沿导轨运动的上、下冲头向粒丸加压，使粒丸压成圆形片状。平均每台压片机每分钟可压制 1700 片。更换转盘的模圈和冲头即可压制出不同规格和形状的药片。再抽查药片的外观和测定其崩解度，若确定合格，直接送入包装工段。

　　有的药品的味太苦，有的要制成肠溶片，这就需要裹糖衣。在抽查药片的质量合格后，把片芯放入糖衣锅，向缓慢回转的锅内逐次倒入糖浆，务使每一粒药片外都均匀地裹上糖浆，再对糖衣进行打光，加色，让外观色泽鲜艳，光洁明亮。最后送入包装机进行吸塑包装，或直接瓶装。

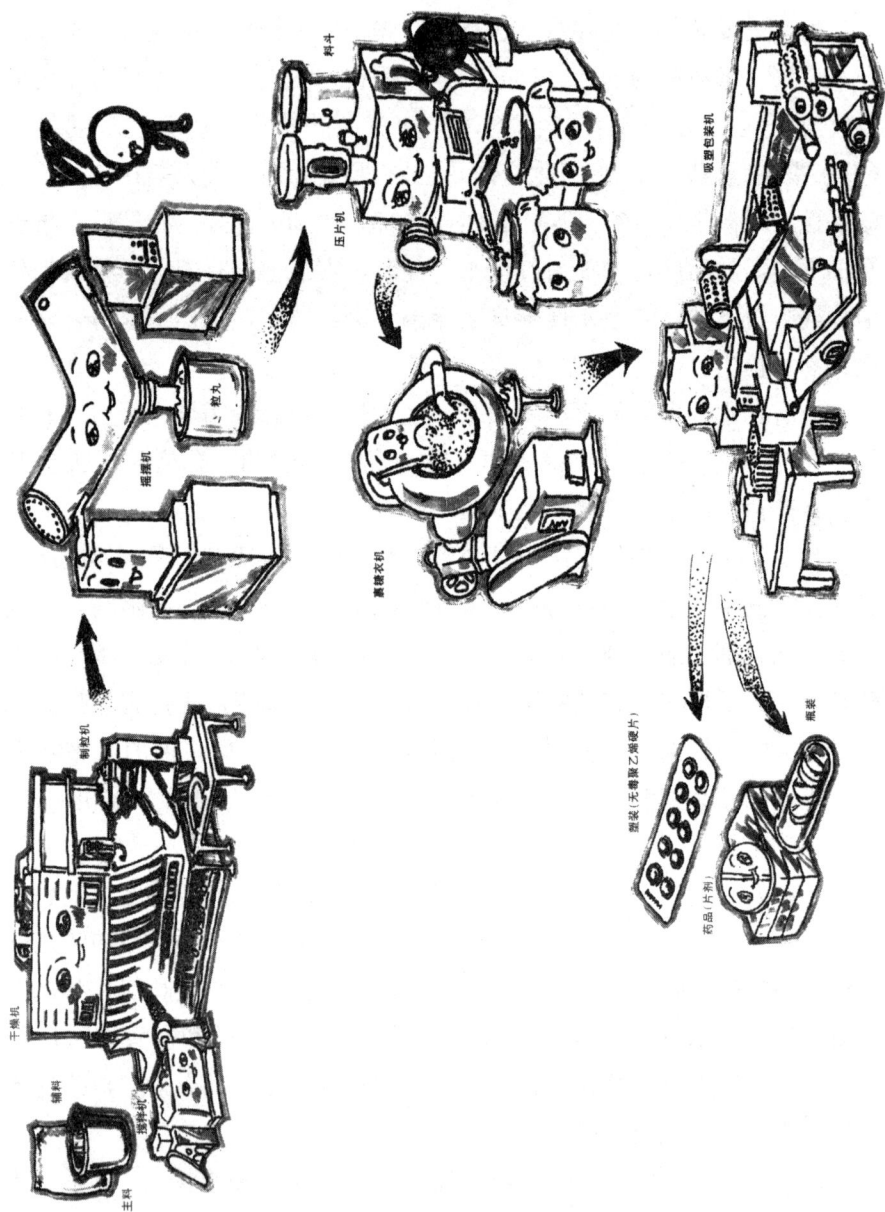

料斗

压片机

搅拌机

制粒机

颗丸

干燥机

搅拌机

填料

主料

真锉衣机

吸塑包装机

塑装(无毒聚乙烯硬片)

药品(片剂)

瓶装

实 践 篇

纸上得来终觉浅，绝知此事要躬行。在化学化工的"海洋"里，要学会"游泳"，仅靠书本知识是远远不够的，还必须亲自动手做实验。

实验或者说实践，是鉴别一切真理的试金石。俄国科学家巴甫洛夫（1849—1936）说得好："鸟的翅膀无论多么完善，如果不依靠空气支持，就决不能使鸟体上升。事实就是科学家的空气，没有事实，你们的理论就是枉费心机。"这一珍贵的名言，人们应该牢记在心。

作为科学百花园内的耕耘者，要具有大胆探索、坚持实验、尊重事实的精神品德。在实验的基础上进行探索；按照科学规律开展活动；尊重被实验证明了的事实，才能打开真理的大门。

实践长才智，实践出真知，实践是莘莘学子手中锐不可挡的推土机，请用它来开辟化工的金光大道吧！

一、化工厂与化学实验室

化工生产具有高温、高压等特殊的生产要求，故化工厂的组织设计建造，有严格的技术规范。一座现代的大、中型化工厂，从资金筹措、设计施工，直到生产前的准备，一般需要历时数年时间，方能建成投产。

在化工厂中关于原料和产品的重量、容量（体积）、温度、压力、酸度等指标，均需有精密的测量，并有自动控制系统记录，可供管理时参考。由于生产连续化，只要管理得当，一般是不会发生故障的。

一个化工厂的产品，往往又是其他化工厂的原料或辅料，例如炼油厂除了生产汽油、煤油外，所得的烃类（碳氢化合物）副产物，又是生产生产染料、香料、塑料等的原料。因此，有连带关系的化工厂，可以联合经营而组建集团。国际上的一些著名的公司，例如，美国的杜邦公司（Du Pont Co.），在美国本土和世界 50 个国家和地区设有 200 多个子公司和经营机构（涉及化工、石油、煤炭、电子、建筑、食品、纺织、运输等 20 个行业），生产的石油化工、日用化学品、医药、涂料等

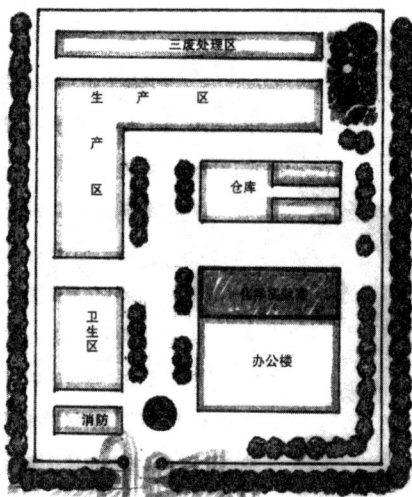

产品多达 20000 余种，多年来一直居世界化学公司销售额之首。

工厂中的实验室可称为全厂工作的重点之一，也可以说是全厂的"眼睛"。其管理事项是：本厂所需原料和成品的分析，制法的研究与改进，开发新品种以及市场动向研究等；同时，对生产过程中各工序的半成品或中间物质，要进行定时或追踪分析，借以获知生产中的一切状况，进而设法补救疏忽或避免意外的损失。

工厂的化学实验室，一般都设在阳光充足、交通方便之处，除有电梯的建筑物外，最好设在楼房的一层。

一个小型的实验室可划分为几部分，如天平室、仪器室、化验室、原料库、样品室等。大型实验室还应考虑电脑室、更衣室等等。

化学实验室中的药品，有不少是易燃、易爆或者是有毒性的，所以一走进实验室，就必须十分重视安全问题，千万不可掉以轻心。无关人员不得随意进入实验室。实验室内不得喧哗、抽烟、吃东西。在实验工作中一定要集中注意力，严格遵守操作规程，才能避免发生事故。实验完毕离开实验室之前还必须检查水、电、煤气等开关，确认正常之后方可关窗锁门。

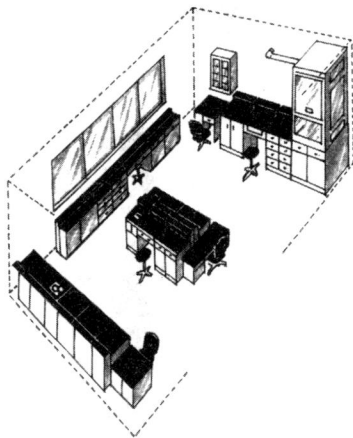

化学实验室立体俯视

绝对不允许任意混合各种化学药品；有毒的化学药品（如重铬酸钾、汞类化合物等）不得入口或接触伤口；剩余的废液也不能倒入下水道，要用规定的容器盛好，统一妥善处理。

如遇起火，要根据起因选用合适的方法，不要随意用水灭火，可用湿布、沙子，或泡沫灭火器。但如果是电器设备引发的火灾，只能用四氯化碳或二氧化碳灭火器灭火，不能使用泡沫灭火器，以免触电。

二、常用实验仪器与设备

玻璃器皿

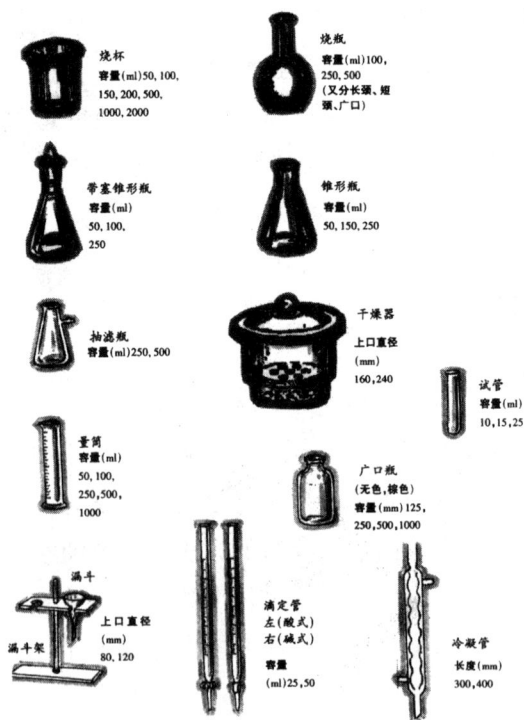

烧杯
容量(ml)50, 100,
150, 200, 500,
1000, 2000

烧瓶
容量(ml)100,
250, 500
(又分长颈、短
颈、广口)

带塞锥形瓶
容量(ml)
50, 100,
250

锥形瓶
容量(ml)
50, 150, 250

抽滤瓶
容量(ml)250, 500

干燥器
上口直径
(mm)
160, 240

试管
容量(ml)
10, 15, 25

量筒
容量(ml)
50, 100,
250, 500,
1000

广口瓶
(无色,棕色)
容量(mm)125,
250, 500, 1000

漏斗
上口直径
(mm)
80, 120

漏斗架

滴定管
左(酸式)
右(碱式)
容量
(ml)25, 50

冷凝管
长度(mm)
300, 400

在化学实验中要使用许多基本的玻璃器皿、化学瓷器、工具器材和实验设备。工欲善其事，必先利其器。这里列出最常用的一些，熟悉和掌握它们的使用，才能顺利地进行实验工作。

化学瓷器

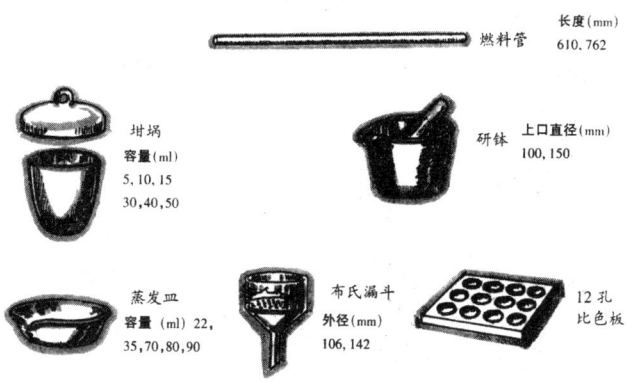

燃料管　长度(mm)　610, 762

坩埚　容量(ml)　5, 10, 15　30, 40, 50

研钵　上口直径(mm)　100, 150

蒸发皿　容量(ml) 22, 35, 70, 80, 90

布氏漏斗　外径(mm)　106, 142

12孔比色板

工具器材

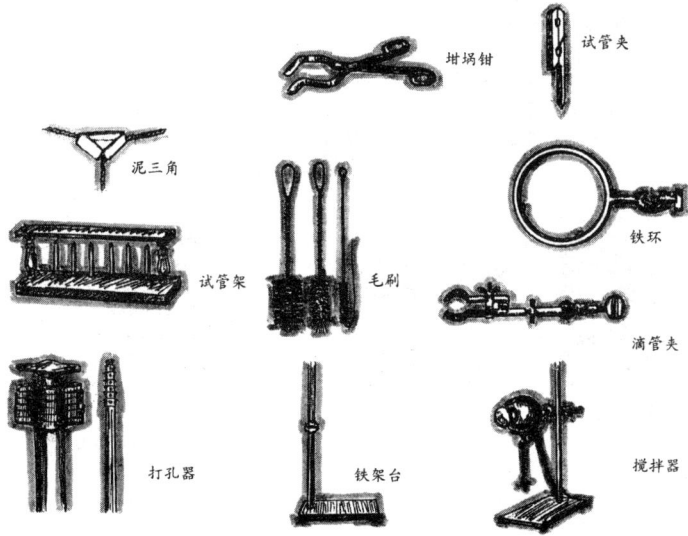

坩埚钳　试管夹　泥三角　试管架　毛刷　铁环　滴管夹　打孔器　铁架台　搅拌器

通用实验设备

万用电炉

台秤

酸度计

分光光度计

偏光显微镜

酒精灯

光学显微镜

真空抽气机

马弗炉

电烘箱外观

电冰箱

电烘箱内部结构

冰柜

电子(扫描)
显微镜

半自动天平

水浴锅

电子计算机

三、实验的准备

在动手实验之前，应想一想，做好以下几件事情：

（1）做好准备工作　实验室应是一个清洁、安静、整齐的环境，让人有井井有条、赏心悦目的感觉。所有的仪器、装置应处于备用状态。首先是玻璃器皿必须刷洗干净，可以用毛刷粘些洗衣粉、肥皂或去污粉，把里里外外清洗 3 遍。有的器皿还需用洗液（配制方法参看本书第 158 页）清洗。天平的砝码、容器的容量都要加以一一校正。只有在此基础上进行实验，所得到的数据才是可信的。

（2）拟定计划方案　一定要明确做实验的目的性，到底要干什么？对结果的要求如何？要逐一写得明明白白。对实验选用的方法要查阅有关资料，已经有现行国家标准方法的要尽量采用，注意不要沿用过时的方法和标准。要遵照标准中规定的对仪器设备的要求做好准备。操作时的注意事项，也要事先明了，以免误操作造成损失。实验要有详细、完整的记录和数据。

（3）注意安全事项　化学实验中的安全尤为重要，特别要注意避免身体受到伤害和做好防火、灭火的工作。当脸部或手部受到浓酸或者浓碱溅沾时，一定要用大量的清水冲洗，然后视情况去看医生。千万不要误解中和作用，用碱水去中和患部的酸，或者反过来，用酸去中和碱，那样一来损害将更加严重。

实验室内必须备有二氧化碳灭火器、干粉灭火器，并学会其使用方法（参看本书第158页）。一旦遇到起火，一要镇静，二要想清楚用何种办法灭火。不能见火就用水浇。若对于易燃油状的化学品的火焰用水去灭，往往灭不了火还会误事。

（4）整理记录数据 做完实验决不等于工作完成，还必须对实验过程中的记录、数字进行分析、整理，以利于核实实验是否达到原来预先拟定的目标。如有必要的话，应写出实验报告。报告中所有的数据，应书写工整、清晰，切忌潦草、涂改。

四、实验的操作

在化学实验室里进行操作时，必须严格地遵守规定，千万不能疏忽大意。否则，容易导致实验失败，甚至酿成严重后果。

对药品的鉴别，不宜直接接触、呼吸，要用手煽动，嗅出气味。

容量瓶的使用涉及配制溶液的准确程序。先把称好的药品放入洁净的烧杯中，注入适量的蒸馏水，使其完全溶解。然后把溶液沿玻璃棒慢慢地注入 100 毫升容量瓶内，再用少量蒸馏水洗涤烧杯两次，把洗液也注入容量瓶。旋摇容量瓶使溶液充分混合，再小心地注入蒸馏水直到液面接近瓶颈刻度，改用滴管逐滴加入蒸馏水，使液体凹面的最低点与容量瓶颈上的刻度相齐。把瓶塞塞好，一只手按住瓶塞，另一只手托住瓶底，上下倒转容量瓶数次，静置片刻，即成某一浓度的 100 毫升溶液。

移液管和量液管也是常用的器皿。吸取溶液时，使用捏橡皮球（又称吸球）的办法，将溶液吸至刻度以上，慢慢调整至刻度线，然后再移出。若没有橡皮球，也可用口吸取。但是，用口吸取溶液时不能将溶液吸入口中或使唾液流入管中。对于有毒的液体，切勿用口吸取。

滴定管操作时，观看滴定管的液面位置应十分小心。实验前后的观看视线必须一致。不同的视线角度

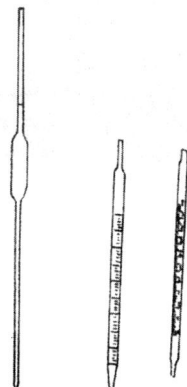

移液管　量液管

会有误差。滴定管分为碱式滴定管和酸式滴定管。碱式滴定管在使用前，应按一按玻璃珠把气泡赶走。酸式滴定管在操作前，应固定在管夹上，轻轻转动活塞，使管的尖嘴部分充满溶液，并调整管内液面，记下准确的刻度体积数。

注意：滴定管在使用前，应依次用洗液、自来水、蒸馏水洗涤（碱式滴定管的下端有橡皮管不要用洗液洗），务使管的内壁清洁不附挂水滴。最后用少量的滴定用的标准溶液洗两遍。在实验过程中应小心操作，遇有火警，应会使用消防灭火器等。

手煽闻气味的方法

洗液的配制：将 5 克重铬酸钾（$K_2Cr_2O_7$，俗名红矾钾）以少量水润湿，再慢慢地把它加入 80 毫升工业浓硫酸中，边加入边搅拌，务使其彻底溶解（也可加热助溶）。然后，把配好的洗液

容量瓶的使用方法

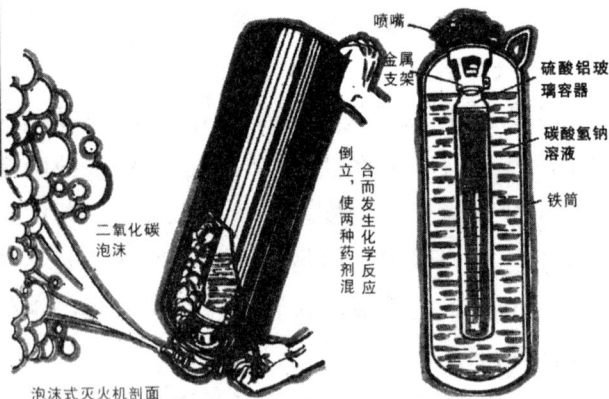

贮存于带磨口塞的玻璃瓶内，存放后可能有部分重铬酸钾析出（不影响

二氧化碳泡沫

喷嘴
金属支架
倒立，使两种药剂混
合而发生化学反应

硫酸铝玻璃容器
碳酸氢钠溶液
铁筒

泡沫式灭火机剖面

灭火器的使用

使用）。如洗液变绿即告失效，不可再用。洗液有强酸性，使用时小心不要溅到皮肤和衣物上。

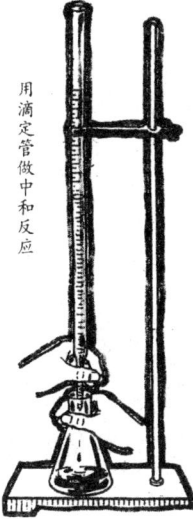

用滴定管做中和反应

在使用前按压玻璃珠赶掉气泡

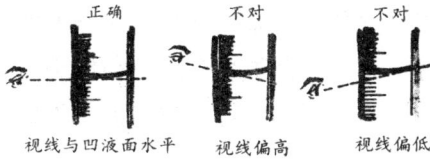

正确
视线与凹液面水平

不对
视线偏高

不对
视线偏低

五、化工产品的配方

化工厂生产一种产品需要使用不同数量的原材料。这些不同的原材料有的也是一些化学制剂或制品，它们在数量上的不同比例，就是化工的配方。配方带有专利性。有些配方因专利保护时间已过，则是可以公开的。下面举两个简单的例子。有兴趣的话，不妨一试。

（1）鸡蛋保鲜

鸡蛋是高营养、高水分的食品，贮存不当容易变质，造成损失。如采用下边的一种简易方法，可收到保鲜的效果。

将66％的甘油三油酸酯（又称油精）和1％的甘油单硬脂酸酯、月桂酸蔗糖单酯、琼脂（又称冻粉）混合（注意：琼脂先以温水泡软，用文火加热溶化）。使用搅拌器（或打蛋器）打散均匀，然后装入耐热瓶中，封闭加热至120℃（如果没有条件，可使用水浴锅，以100℃开水间接加热），灭菌20分钟即制得鸡蛋保鲜液。

将制得的保鲜液，用水稀释2.5倍，以喷雾器喷涂鸡蛋，每升稀释液可涂覆鸡蛋2万～3万个，一般条件下可贮存3～4周；在5℃～10℃冷库中可贮存5个月，其鲜度不变。

（2）自行车内胎快速堵漏

将明矾、明胶、敌百虫（其比例2∶1∶微量）分别磨成细粉，再加进熟石膏与淀粉（其比例2∶1，或10克/5克），混合均匀。

在一个小杯（容积50毫升即可）中加入上述配料20克，加水25

配方（重量计）
甘油三油酸脂　66
甘油单硬脂酸脂　0.5
月桂酸度糖单脂　0.3
琼脂　0.4
水　34

配方（重量计）
淀粉　5
明胶　2
熟石膏　10
明矾　1
敌百虫　微量

毫升，调成稀糊状。拔下自行车的气门芯，把稀糊从气门嘴灌入内胎，上好气门芯，将车轮旋转数圈，即可打气，轮胎恢复正常，即可骑行。如果扎眼较多，用量相应加大些，直到堵住漏孔为止。

六、化学工程师的素质

现代化学工业，以其巨大的技术优势和经济效益保持着飞跃发展的势头。一位合格的、优秀的化学工程师必须具有善于解决生产实际技术问题的出众能力，并应当具备以下的基本素质。

（1）扎实的基础知识　大厦是一层层建造起来的。任何一位专家或者工程师，如果没有广泛而扎实的基础知识（包括数学、物理、化学、天文、地理、生物等），顶多只能在一个狭小的空间里徘徊，而难以飞向"蓝天"、攀登新技术的高峰，发展前途是有限的。

基础知识是从跨进学校大门那一天起开始积累的。在圆满地完成老师讲解的课文内容和布置的作业的基础上，尽可能地扩大视野，涉猎各门各类的科学知识，并且一定要养成良好的学习习惯。要能够学会独立地分析、思考、总结，把书本上和实践中获取的知识变成自己的东西，以备后用。

（2）利用"工具"的能力　这里的"工具"泛指一切可为人用的器械，包括耳朵的延长——电话、头脑的延长——电子计算机（电脑）、手足的延长——如吊车、汽车等。从小的方面说，使用锤子钉铁钉也是一种能力。你能一锤钉准么？一名工程师不能只会动嘴，要能熟练地动手操作，从使用器械到上电脑网络检索资料，都能运用自如，才能高效地工作。

（3）努力创新的精神　一件事情或者一个技术项目的成功与否，常依赖于办事者或工程师的认真程度与办事效率。对一位工程师而言，更重要的是要有开拓创新的志向，在思想上不墨守成规，而是敢于突破，开拓前进。如果有了充满活力的志向，遇到困难终究是可以克服的。

（4）善于开发经营的头脑　在激烈竞争的市场里，经营法则无时不在起支配作用。经营的内容包含有市场的需求、产品的定价和推销的方法等。要善于发现和处理人际关系的正面冲突中的矛盾，创造一个最优的工作气氛和个人行为准则。

此外，化学工程师要具备法律知识，遵循政府法律和法令，才能确定高度有效的工作原则，合理安排生产。例如，根据环境法和能源法，一些污染大或能耗大的工程项目不要轻易地投资建设，等等。

未 来 篇

　　目前，人口膨胀、能源紧张和环境污染已经构成了对当代社会的严重威胁。世界科技的研究方向也因此正在发生变化。未来的化学、化工将会怎样发展？这是人们十分关心的问题之一。

　　让我们预测一下到 21 世纪末的情景：农业不再是笨重劳动的象征，化工为它提供更多更好的化肥和农药；城市建设和交通运输将会面貌一新，化工供给的超级建筑材料和清洁的能源令人刮目相看；人们穿上的防污、保暖、五光十色的纺织品，都是化工的新产品；未来的化工生产的神效医药品，将为人类的健康、长寿作出重要的贡献。另外，化工将使生态环境进一步改观，碧绿清澈的河水又重新回到人间……

　　未来是个迷人的字眼，而在对未来化工的无限憧憬中，她跟人类社会的生活——包含食、住、衣、行、用等，有着千丝万缕的联系。要想达到攀登科学高峰的目的，还必须付出艰巨的劳动，脚踏实地，从学好基础课做起，循序渐进。

　　少年朋友们，努力吧，从现在开始。

一、化学合成的"大力士"

"化学"好像一位魔术师，能把许多原来没有的东西"变"出来。例如，高分子化学的任务之一是把简单的小分子化合物合成为像天然高分子化合物一样的东西，像把异戊二烯聚合成为橡胶，这种化学作用称为聚合反应，即是若干个相同的分子相互集合在一起而成一个较大的分

子。这类反应几乎近于"仿生"，在化工行业中已经有多年的实践，积累了丰富的经验。

化学家和化学工程师的愿望在于：研制那些在性质上比天然高分子化合物更优异，在自然界中并不存在的高分子化合物。于是，他们便把不同的分子连接在一起，形成一种性能特别的大分子。宛如在一棵苹果树上嫁接梨树的枝条，从而生长出苹果梨味的果实。它既有梨的风味，又有苹果的特色。

通过化学合成的方法，上述愿望是可以实现的，即可从对高分子进行改性，制造出多种的超级材料。这些新材料比起昔日的旧材料更上一层楼。例如，陶瓷容易破碎，其应用长期受到限制，可是经过化学合成后的超级陶瓷，能够制成陶瓷剪刀来切割钢板，又由于它具有高耐热性，可用来生产无需降温装置的内燃机；应用合成高分子的方法制成的新型超级塑料，比钢铁更轻、更结实，如果用它制造轰炸机的外壳，可以避开雷达的侦察，用它生产钢盔可以抵挡子弹，还可以用它制作坚固的自行车车架和网球拍；利用几种单体合成的超级玻璃，看上去竟比普通玻璃还透明，而且经得起冲击和敲打，当电流流过时，它的颜色会变深，把这种玻璃用在窗户或舱盖上，只需按动电钮就可以减弱外边直射过来的耀眼阳光。此类例子不胜枚举。

超级塑料制钢盔防弹、抗压、撞不破

利用化学合成高分子的方法，可以改善或改变许多高分子的性能，创造出种类繁多、千差万别、丰富多彩的新型超级材料。但是，应当指出：制备这些高分子材料是很

超级玻璃变色灵敏

复杂的，并不是所有能单独聚合（或共聚）的低分子化合物都可以相互作用，即使是能成为高分子化合物的，有时还必须在有第三者（如催化剂、酶等）的参与下方能实现。此外，还有一个转化率的高低问题，就是投入的成本和收回的效益是否合算，等等。

超级陶瓷坚韧削铁如泥

无论如何，采用化学合成方法所得到的超级材料，一方面应用前景广阔；另一方面也必须考虑能否投入批量生产和投资筹措与回报，并需更换生产设备和生产线。

总之，新型超级材料的研制和推广，还需要今后进一步地深入探索。

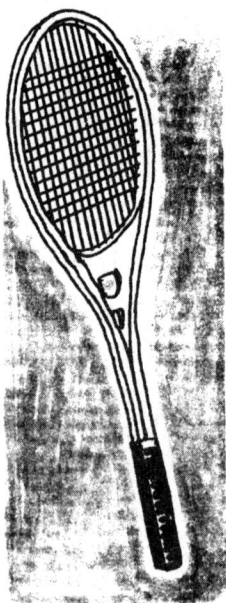

超级塑料球杆不
会折断

二、神奇的球形碳分子

在物质世界中，有机物占很大的比例，而有机物多数是由碳元素等构成的。

碳元素（C）是大家熟悉的。例如煤就是由碳元素组成的。

过去人们一直以为自然界只存在着两类不同的碳元素：一类是无定形碳，有木炭、焦炭等；另一类是游离的单质碳，有石墨和金刚石两种。有趣的是：石墨和金刚石都是由碳原子组成的六角形晶体。石墨是自然界中最软的矿物，而金刚石则是最硬的，两者外形也大不一样。

然而，1985 年有三位化学家提出了新看法：

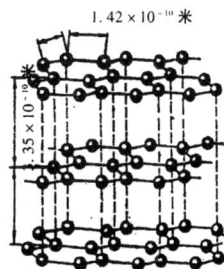

1.42×10^{-10} 米
1.35×10^{-10} 米

石墨结构

碳元素还存在着第三类，即中空的球形碳分子。这种球形碳分子是由 60 个碳原子互相以化学键联结。它们构成一个由 12 个正五边形和 20 个正六边形互相连接而成的圆球面结构，中间是空的，外形如同一个标准的欧洲足球，所以被称为"分子足球 C60"。由于这种形状看上去很像已故的美国建筑师布基明斯特·富勒为 1967 年加拿大蒙特利尔世界博览会的美国馆设计的那座拱形圆顶

1.55×10^{-10} 米
1.55×10^{-10} 米

金刚石结构

建筑，因此这种球体结构被用富勒的名字来命名，又叫做富勒球或者布基球。

C28　C32　C50　C60　C70

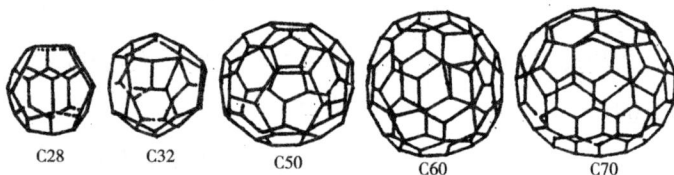

C94

C240

布基球是一个具有坚固外壳的空心体，体内可以填进其他原子，以赋予特殊的性质。它的容量大而且带有弹性，能够贮存液体或压缩成液体的气体，如果石油液化气用它作为"容器"运输，使用十分方便安全；如果用布基球包裹治癌的放射性元素，就可制成"糖衣炮弹"，既能杀死癌细胞，又能大大减轻放射性药物对人体健康组织的损害；如果向布基球内掺进少量的金属钾或锡等，所形成的化合物在较高温度下便具有超导性。

布基球上的每一个碳原子都是一个个"钩子"，各种各样的原子或原子团都可以挂上去，得到上百成千种新的化合物，从而打开了无限广阔的人造物质的新天地。如果把 60 个氟原子挂上去，便生成了 C60F60 化合物，它是一种粉末状的耐高温材料，可以作为"分子滚珠"和"分子润滑剂"，大大地加强了耐热耐磨性，甚至可以使机器长期运行而不出现磨损；如果把锂原子

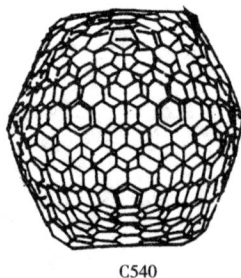

C540

各种布基球示意图

挂上去，并填满空间，则可制成高效的化学锂电池，其寿命比一般电池高许多倍；如果把某些药物分子挂上去，那么神奇的特效医药将会诞生。

现在已经分离和合成出来的类似 C60 这样的布基球有：C28、C32、C50、C60、C70、C76、C84、C90、C94、C240、C540 等，这还不是一个完整的系列。现已知纯净的 C60 呈褐色，C70 呈红葡萄色，C84 呈金黄色，造成布基球五颜六色的原因，是由于围绕碳分子的自由电子的活动状况所决定的。布基球的那种"内藏"和"外接"本领为将来创造多种球烯的化合物作好了准备。看来，与脂肪烃、芳香烃鼎足三分的球烯烃化学已经崛起，其前景无可限量。

面对纷繁的大千世界，像单质碳这样简单的元素竟然还存在"未知的角落"，那么，惰性气体、稀有元素又该有多少"未开垦的处女地"呢？C60 的发现给了人们深刻的启示。

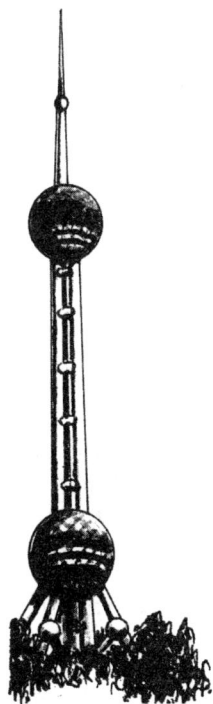

三、生物反应器与功能膜

　　化工生产几乎离不开加热和加压，因而所消耗的能量是巨大的。化学工业能不能把高温、高压下的反应转为在常温、常压条件下进行呢？这就要借助于生物催化剂——酶。酶是存在于生物体内的一种物质，它有独特的促进化学反应的能力，但有极其严格的选择性。若将几种不同催化反应性的生物酶、模拟酶等包埋在高分子中，则可使反应物不必分离地连续依次地反应直至生成最终产物，这在工业上叫做"生物反应器"。它能够在常温、常压下进行反应，不仅节约了能量，反应器也由高大笨重转为轻便简单，甚至烟囱也可能被取消。这样一来，将给化工生产带来根本性的变革。

　　可是，寻找和培养不同特性的生物酶，决不是一个简单的问题。酶的种类实在太多，性状各异，在生物变化过程中

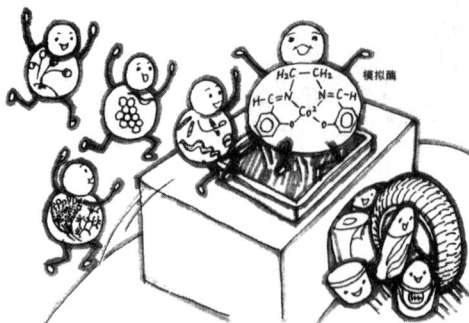

的变化规律、大气环境对它的影响等问题都不是轻而易举所能解决的。目前，生物化学还是尚待开发的新领域之一。人们正翘盼酶筛选的分类方法与技术尽快确立，以利及早完成梦寐以求的目标，大幅度提高化工生产水平。

在化工生产中的另一个重要环节是分离技术。它用于区分几种混杂在一起的反应物，以获取纯净的产品。耗于分离过程的能量颇为可观，而且很难达到完全分离干净，对于沸点相近或者形成共沸物者更是棘手。怎么办？在未来的化工生产中具有高度选择性的功能膜将大有可为。这种功能膜属于高分子材料，其新的功能展示了令人鼓舞的前景。功能膜多半应用于固液或液液分离，即在膜的一侧减压使有机分子在膜中通过溶解、扩散、蒸发而得到分离。而液体不需要加热至沸点，这是一个节能的分离方法。另一种功能膜有"主动输送"的作用，即由低浓度的一侧向膜的高浓度一侧输送，被称为"爬坡输送"。它是把很低浓度的有用物质富集浓缩以代替精馏过程，若此项技术得以推广，则高塔林立的化工企业的传统面貌将会根本改观。

功能膜有平板、圆筒、螺旋卷板等多种型式。它们在海水淡化、食品加工、废液处理、生物电池等诸多方面，都有广阔的应用天地。未来的功能膜将在材质、结构等方面更加令人刮目相看。

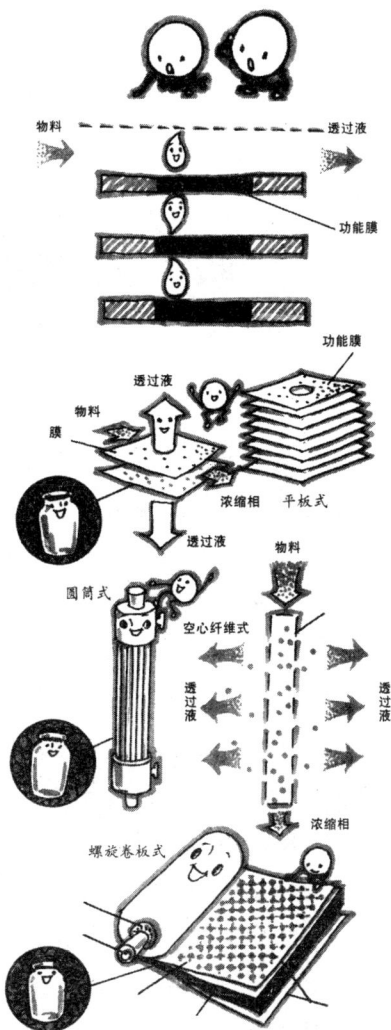

物料　透过液　功能膜　功能膜　透过液　物料　膜　浓缩相　平板式　透过液　圆筒式　空心纤维式　透过液　物料　透过液　浓缩相　螺旋卷板式

四、化学诱惑剂与纳米技术

许多昆虫都是利用发出化学气味来进行联络交流的。例如蜜蜂、蚂蚁等就是依照气味来区分敌友、猎取食物、传递信息、发出警报、决定行动和寻求配偶的。离开了气味，它们就不能生存下去。有人把这种气味叫做"化学语言"，也称为化学信息素。

据研究获知，一只土蜂释放出一种含有近似"柠檬醛"的化学气味（物质），可以招引几百米范围内的"伙伴"；而一只雌蚕蛾发出的性引诱素气味，可以诱来远在 2500 米以外的雄蚕蛾。利用化学气味的奇妙功效，人们探索和开发新的化学气味物质——化学诱惑剂，作为保护有益的生物、防治有害生物的新武器。

例如，鲜美的鲑鱼是一种重要的经济鱼类，其主要品种有大马哈鱼、哲罗马、细鳞鱼等。在幼鲑鱼生活的水中先投入一些"莫福林"液体，使它们熟悉并牢记这种莫福林气味。然后将幼鲑鱼放养河中，使其顺流而去大海。待秋天降临，肥硕的鲑鱼为寻找莫福林气味而返回河里，繁殖产卵，这时就可以开网捕捞了。这种"自投渔网"的捕捞，主要媒介武器就是化学品"莫福林"。

蚊子专爱叮小孩和妇女，因为他（她）们的汗液里有多量的赖氨酸和乳酸，最吸引蚊子。化学家们研究合成了这两种物质，吸引蚊子，集中加以杀灭。

目前，已研制出一些化学物质的气味能够驱逐和防治害虫，如单萜

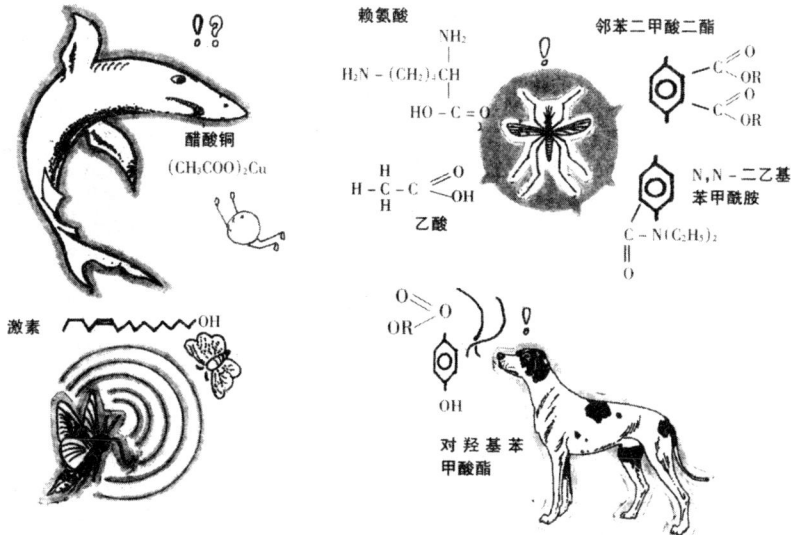

赖氨酸

NH_2
$H_2N-(CH_2)_4CH$
$HO-C=O$

邻苯二甲酸二酯

醋酸铜
$(CH_3COO)_2Cu$

$H-C-C$ O $H-C-C$ OH
乙酸

$N,N-$二乙基苯甲酰胺
$C-N(C_2H_5)_2$

激素 〜〜OH

对羟基苯甲酸酯

烯、二烯丙基化二硫等可以把蟑螂赶跑，消灭蚜虫、菜蝶等。面对成千上万种不同的益虫和害虫，系统地研制各种化学诱惑剂，是今后化学家和化学工程师们肩负的艰巨任务。

纳米是一个极小的长度单位，它是英文 nanometer 的译名。1 纳米等于 1 米的十亿分之一。以纳米为单位组成的超级微小颗粒（材料），便称为纳米材料。而采用极小的单位（如分子或原子水平上）制造各种晶粒或"微型机器"，就叫做纳米技术。用纳米技术加工的一切，用肉眼几乎看不见，还具有许多奇异的特性。

原则上说，任何金属或其他材料都可以制成纳米大小的超细微粒。使用这些微粒才能制作各种"纳米机器人"和"纳米装置"。它们的体积大约比"跳蚤"还要小。当纳米机器人带着新的人造药物微粒，通过注射器进到血管内，就能在微血管里活动，帮助清除血管壁上沉积的脂肪，促使血液流通。同时，它还能穿透单个细胞投注药物，如遇见病毒或癌细胞也可加以消灭。

纳米金属材料的硬度要比普通金属高 2～4 倍。一般陶瓷材料的脆性较大，可是用纳米陶瓷粉末烧成的陶瓷却有很好的韧性，即使被强力撞倒也不破裂。更有意思的是，纳米材料的熔点，会随着粉末直径的减小而降低。例如，金的熔点是 1064℃，当制成 5 纳米的金粉末时熔点降至 830℃，而再减小到 2 纳米时，该粉末的熔点只有 33℃。这样就可以使高熔点的材料采用一般的加工方法就能达到制作目的。

高熔点

低熔点

如果应用纳米级的粉碎、分散、乳化等手段，生产各种油墨、绘图墨水，或者加工汽油催化剂等，那么对于印刷业、文化用品业和汽车工业都会带来新的发展。新型纳米油墨的色调更浓，书写的字迹色泽度好；汽油催化剂能够提高内燃机的效率。将纳米的铅粉末加入到固体燃料中，就会使火箭推进器的前进速度增加好几倍。纳米技术在化工等领域有着广阔的应用前景。

五、贮存太阳能与化学发动机

能源不单是化学工业，也是整个人类活动的物质基础。然而，面临石油、煤等旧能源的即将枯竭及其燃烧带来的污染的挑战，必须开发新的廉价而干净的能源。太阳能的利用无疑是首选的目标。

怎样把太阳能最大限度地利用起来？最好的办法是把它转为化学能，并贮存起来，随时听用。目前考虑有两个办法：一个是用阳光在催化剂作用下分解水，以氢气形式来贮存。这样做所蓄的化学能虽可以高效地转化为热能、电能等形式，但体积大、不安全（易爆炸）；另一个是用高张力化合物的形式来蓄积太阳能。高张力化合物（例如 NBD 降冰片二烯）具有异构化的特性，当它吸收阳光就会转变成另一种化合物（例如 QC 四环烷）。这种化合物在室温下是稳定的。当在催化剂作用下又很容易转化为高张力化合物（即 QC→NBD），并释放出一定量的热能（即每克约释放 1 千焦耳的热量），如果巧为利用，便可组成既能够蓄积太阳能而又能释放出热能的闭合循环体系，这对提高利用太阳能是十分有利的。当然，目前距离实用化还有一段路程。

还有一种金属化合物名叫镍化镧，研究表明它具有两个独特的性能：一个是能够贮氢；另一个是对温度有敏感性，低温时镍化镧大量地

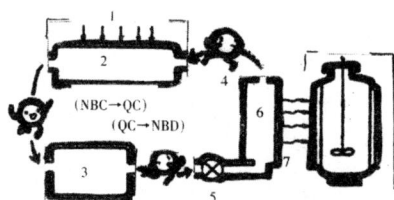

1. 阳光　2. 高分子增感剂
3. 贮柜　4. 热能转化器
5. 泵　　6. 高分子催化剂
7. 热能反应器

吸收氢气，高温时又立即将氢气释放出来。这样就可以用它来制造化学发动机。这种新型的发动机把工业废热（废水、废气）作为热源，利用它产生氢气来发电。该发电机由两组固定的圆筒和一套活塞汽缸组成。圆筒直径为200毫米，长1.2米，中间焊接19根细长的铜管，圆筒的两端是集气管，19根铜管通过它联成一体。铜管里充满了镍化镧粉末。当冷水通入圆筒从铜管间流过时，铜管中的镍化镧吸收氢气；反之，当80℃～90℃的热水进入圆筒后，铜管中的镍化镧就释放高压氢气（约1MPa），推动活塞做功。如此，交替通入冷热水，氢气来回释放和吸收，活塞则移动使相连的机器转动。这就是化学发动机的原理。这种发动机还存在一些具体问题，有待进一步研究。

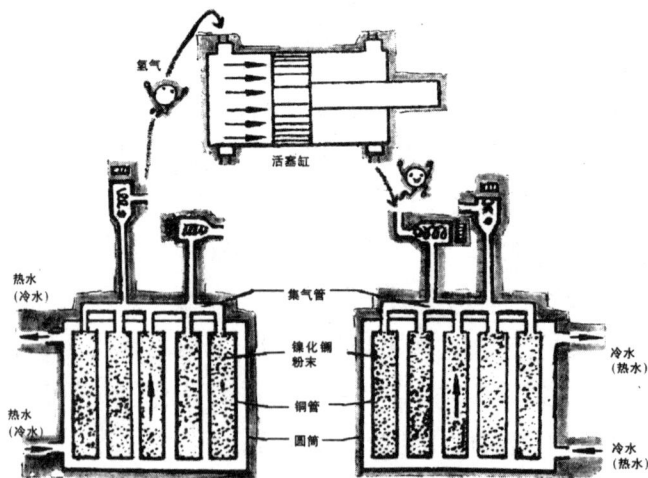

化学发动机原理示意图

六、未来的化工世界

目前，化工产品多数是属于人们穿、住、用、行等方面的材料。而从长远来说，化工产品将在人们吃的方面大显身手。

将来的绿色食品除了从土地、水中生长之外，利用化学合成的办法，使"有机物，变食粮；加香料，味芬芳；再添氮、磷、钾、钙、铁、增营养；保证足够的蛋白、脂肪、糖"。农业的工厂化，农业的化学化，使自然界形成一个良好的大循环。

据人口专家推算，按当今的人口增长率，到 2030 年，全世界人口将达到 85 亿；到 2050 年则为 100 亿。单靠地表的农作物生长是养不起这么多人口的。怎么办？就要依靠化工，特别是生物化工等技术，把全球的有限物质，加以无限地循环起来利用，以满足人类各方面的需要。

到那时，生活中的许多废旧无用的东西，诸如废钢铁、废塑料、废碎玻璃、废旧书报等，都可以通过化学回收站，把它们重新变成新的东西。可以说在化学面前，没有废物可

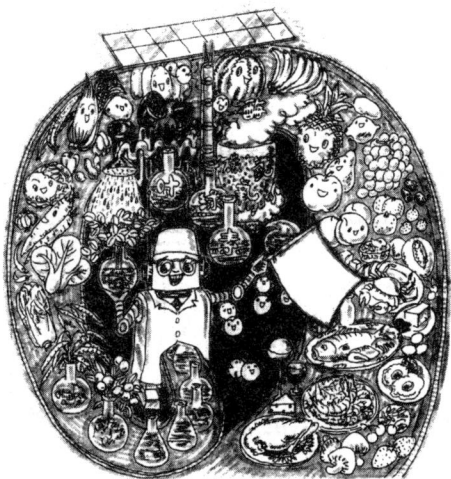

言，有的则是符合物质不灭定律和能量互换规律的化学变化。到那时，人类将通过用脑、用手把地球打扮得更美好。

地球上的深海是极富魅力的好地方。海洋的资源是极其丰富的，蕴藏着许多元素：碘、锰、钾等，还有数不清的动物和植物。在深海处建立海底化工厂、建立人类的乐园也是有可能的。

如果在未来的某一天，人们乘太空飞船遨游宇宙，到太空化工厂去看一看生产流程和新的化工产品，那将是一幅多么美妙的情景呵！

科学不单是为了今天，更重要的是为了明天。人类对物质世界的认识永远没有完结。化学、化工的研究将延伸到宇宙，触及到更为深层次的问题，例如：直到现在我们知道地球上的生物都是基于碳氢氧氮的大分子，并生活在有水的环境之中，而星际空间已经发现有氨基酸的存在，有没有不是碳氢氧氮的大分子？这种不同的大分子在某种适宜的条件下，能否生成另外类型的生命？生物的起源，或者说生命的发源是单一化的还是多元化的呢？另外，对人类自身的研究，除了"基因组合"外，还有神经化学，它将是21世纪的一个研究热

点。对大脑的功能、记忆的本质——记忆是怎样形成，在哪里贮存，什么"机构"使储存的记忆格式化等——的研究，涉及到人类开发智慧、医治精神病、解决药物依赖性等问题，具有极大的魅力。

　　以上诸如此类的科学难题或者说是化学化工的难题，有待人们去揭晓。可以相信，未来的世界将为千百万化学工程师施展才华提供更多的机会和广阔的舞台。

后 记

　　化工是每一个现代化国家中主要的支柱产业之一。化工与国民经济、人民生活的关系密切。化工所属的行业（或专业）很多，涉及的学科面也很广。过去，向少年朋友全面介绍化工知识的普及读物不太多，已经出版的又多以文字描述为主，插图甚少。这次，我们在广西科学技术出版社的支持下，尝试通过对化学工程的具体图解式描述，利用直观形象的图去调动和提高青少年朋友们的观察力、想象力和创造力，把动脑和动手结合起来，从而培养和鼓励他们早日走上成才之路。这也是编写本书的目的所在。

　　化工是在基础化学上发展起来的，可以这样说，化学是化工的"妈妈"。但是，化工又在实践上比化学更进一步，真可谓是"青出于蓝而胜于蓝"。如果你具有初中的化学知识，那么阅读本书应该不会有困难。

　　近年来，化学工程领域在化工技术、设备、自动控制，以及节能、环保、降低消耗、节约投资等方面，正在经历着深刻的变革。同时，同一种化工产品存在有许多不同方法的工艺流程，其先进性各异。限于篇幅，我们仅选择被普遍认可、已经工业化的成熟部分，简要地予以介绍。

　　在本书编写过程中，作者们曾三易其稿，尽可能地精炼内容，以适合青少年读者阅读并稍添点趣味性。画家蔡汝震先生精心绘图，使本书生辉不少。限于水平，不妥之处，企望读者指正。

刘仁庆 谨识

1999 年 4 月于北京花园村